培養員工核心能力的祕訣

台積電TQM專案的培訓實驗

陳伯陽 著

推薦序1
QCC／QIT邁入更高推行境界

這本書是值得每一個人看的好書，能幫助自我管理、自主管理、自我成長的發揮個人的能力，並能精進自己改變和精益求精的原動力。作者用簡單而實用的方式寫出QCC／QIT的做法及應用，並對QCC／QIT的影響做深入解釋；這種願意把一生所學，和在台積電擔任TQM主管的經驗，分享給各位，值得肯定及嘉許。

QCC／QIT在日本是從1962年開始推動，在台灣是從1967年開始推動，早期爲了使活動更能被接受，取用「一流小組、日新小組、自主管理活動」等等名稱，希望透過名稱帶動創新、革新的理念以求推動績效。台灣歷經55年的推動歷史，在台灣指導推動的單位之演變，由最早期的中華民國品質學會（民國54年成立），先鋒管理顧問有限公司（民國59年成立），中國生產力中心（民國45年成立），經濟部商品檢驗局（民國74年負責推動），以及現在的推行單位中衛發展中心（民國74年成立），各階段有不同的做法及變化。以近年來由中衛發展中心推動而言，是從民國75年開始到現在，70年代是以汽車業、機械業爲主推展，80年代開始加入銀行業及服務業的推動，90年代並投入大批醫療業、高科技及電子業的展開，甚至於大學、保險業……。等等的加入。

作者以台積電TQM主管的經驗加上自己的所學，讓這本書內容很豐富，有新式QCC的作法，有圈員、圈長、輔導員、推動人員以及主管如何在不同角色，學習自己的本領，同時也介紹很多工具手法，讓你選擇和利用；也提到台積電QIT的作法是以8D流程作改善主軸，QCC的做法是以問題解決型之QC STORY作爲改善主軸，再加上創新突破的題目是以課題達成型之QC STORY作爲改善的主軸，讓改善的活動可以因應流程改善的目的有多種選擇應用。

所以感謝作者願意把台積電（國內推動最優秀的企業之一）的做法公布出來，讓各位有多種學習的空間，促進QCC／QIT更爲活躍更爲發展，成爲世界上最頂尖的推動國，邁向更高的境界，這是大家的期待。

林清風

中衛發展中心資深輔導顧問

中衛發展中心台灣持續改善競賽評審委員

著作《活化團結圈推動指引》

參與著作《基層改善向下扎根：團結圈活動基礎篇》

參與著作《基層改善向上發展：團結圈活動進階篇》

曾任中華民國品質學會理監事及ISO標準推行委員會主任委員

2022年9月23日

推薦序2
護國神山的國際品質祕訣

很榮幸與伯陽兄在經濟部中衛發展中心台灣持續改善競賽一起擔任評審委員，中衛發展中心1985年開始舉辦製造業團結圈競賽，推動台灣品質改善超過30年，1987年台積電成立後，積極利用品管圈等持續改善工具提升電子產品製造品質，並經由台灣持續改善競賽分享台積電品質經驗，至今仍不間斷持續改善內部品質的腳步，並經由下游廠商供應鏈，堅持品質的提升；我們也看見很多國內外下游廠商由開始排斥、逐漸認同、到積極參與品管活動的歷程，台積電對整個產業鏈的品質提升，就是爲何成爲護國神山的原因。

自1990年起，醫院也開始經由中衛發展中心團結圈平台發表品質提升經驗，醫策會於2000年起開始推動國家醫療品質獎，醫療單位也紛紛加入品質促進的行列，醫療界與工業界在團結圈的平台對話的逐漸增加，我們也有機會見證台積電品質改善的細膩度，在眞因驗證的過程，活用實驗及統計方式找出問題的眞因。經由紮實的品管手法研究最佳對策，解決工作流程上品質的核心問題，因而創造世界第一的品質。

伯陽兄擔任台積電TQM全面品質管理系統主管，深耕台積電10餘年，經由伯陽兄深度解析台積電品質文化內涵，揭開台積電的神祕面紗，您想要做得比台積電更好，您一定不能錯過這本品質界的寶典。

黃偉春 教授

高雄榮民總醫院重症醫學部部主任

台灣心肌梗塞學會TAMIS理事長

國際健康照護品質協會ISQua品質專家

國家醫療品質獎評審委員/中衛發展中心台灣持續改善競賽評審委員

2022年8月20日

推薦序3
提升問題解決能力，塑造自己的不可替代性

在2000年左右我有幸與本書作者（陳伯陽先生）共事於新竹科學園區之台積電的全面品質管理專案；那時年輕的我們，懷抱著一腔熱血，在各自負責的專案任務努力著。我所認識的伯陽是一個對事情保持高度熱忱，好像是傳教士般的傳播他的想法與做法，特別是針對提案與持續改善活動。

觀察或衡量一間公司不論從「產、銷、人、發、財」或「Q（Quality）、C（Cost）、D（Delivery）、S（Service）、T（Technology）」，知道解決問題與分析問題的能力是非常重要的，邏輯性思維也一直扮演著非常重要的角色。伯陽擔任內部講師、輔導員與評審多年，對於品管圈常用的工具當然了然於胸，希望藉著此書拋磚引玉自然不在話下。

企業文化的塑造，特別是品質文化，絕對不是一蹴可及的。每個部門都有它存在的工作職掌，如何在別的單位堆動一些品質活動，伯陽有其獨到的見解，希望藉由此書能提升企業主管對品管圈活動的認識與支持。

方友平 博士

新竹科學園區采鈺科技股份有限公司副總經理

2022年8月18日

自序

員工的核心能力跟企業的執行力、創新力等軟實力密切相關，多數企業是透過培訓的方法來發展這些能力，但效果不如理想。本書記錄了台積電TQM專案找到的原因以及對應的方案，可以有效的提升員工核心能力以及當責等企業文化。

2022年9月2日，我獲邀在中華卓越經營協會聯誼餐會中，以「國際變局下的營運創新與組織轉型」爲題進行演講，分析台積電爲了達到「虛擬晶圓廠」這個營運創新策略以及「從製造業轉型成服務業」的組織轉型，如何做好企業的基礎管理，把提昇員工的核心能力列入策略成功的關鍵條件。

中華卓越經營協會是由「國家品質獎得獎企業和個人」所組成，主要成員涵蓋產官學界各領域的菁英，透過跨產業的標竿學習，提昇會員競爭力，促進社會經濟繁榮。

演講的內容得到數位部產業署呂正華署長，淡江大學張家宜董事長，協會會長大瓏企業劉惠珍董事長，新北捷運公司吳明機董事長，中國端子電業公司謝春輝董事長和伍秀娟執行副總經理等人的呼應，還有許多企業和學校的高階主管表達相同的想法。

企業面臨現在的國際局勢，在擬定應對方案之時，絕對要把發展員工的核心能力列入重要計畫，扎根好持續改善活動，進而發動員工進行營運創新以及組織轉型，千萬不要只重視購買先進系統等硬實力。

我在台積電的TQM專案工作多年，原本對公司培訓員工的做法習以爲常，以爲所有企業都是大同小異。但是當負責輔導供應商時，才發現台積電TQM專案對員工核心能力的發展有獨到之處。例如各企業熟悉的6S、QCC、QIT、提案改善、ISO認證等活動，台積電的TQM專案總是可以透過這些日常活動不斷提升員工能力，厚實公司的軟實力。

當我因爲需要照顧癱瘓在床的父親而離開台積電時，我就成立了以發展員工核心能力爲目標的「即戰人才發展管理顧問有限公司」，希望把台積電培訓員工核心能力的做法推廣到各企業。

很感謝我太太對我辭職的諒解，也感謝我的岳父陳樹先生給我他以前擔任高層主管時培訓部屬的各種講義，他提到這種員工素質能力的培養對企業很重要，可惜因爲無法在財務報表上占一席之地，很容易就被公司忽略，等到需要時，卻又來不及培養了。

這本書主要是描述TQM專案研究培訓失敗的原因，並改良品管圈活動進行團隊培訓的做法。原本撰寫的內容只是把當時的實驗資料和成果呈現出來，後來品碩創新企管顧問公司的周宜萱小姐提醒我這種「工程師實驗報告」的寫法沒有親和力，可能很難被社會大眾接受；我很感謝她的意見，所以努力地把生硬的實驗報告改寫軟化成新的內容，希望讀者可以了解如何做好「員工核心能力」的培訓。

陳伯陽

陳顧問在中華卓越經營協會演講（協會成員由國家品質獎得獎企業及個人組成）

目錄CONTENTS

第5章　用行爲規範來塑造員工的觀念和態度　118

PART 2　知識文化篇

第6章　推薦22種增加員工核心能力的課程　158

PART 3 實踐篇

前言
這一次您能做得比台積電更好

台灣積體電路製造股份有限公司（台積電）是台灣進入廿世紀後，經營績效最亮眼的世界級企業。媒體報導台積電時，多數聚焦在張忠謀董事長的創新商業模式、公司治理和經營績效，很少探討公司如何凝聚員工共識，提升大量員工的能力，養成嚴謹的工作習慣，滿足快速成長擴廠所需要的人才。這種快速養成員工能力，尤其是支持公司競爭力所需要的核心能力的培訓方法，正是許多企業從勞力密集轉爲技術密集、智慧密集的轉型過程中，最迫切需要解決的問題。

專業技術與核心能力並重

台積電員工的優秀表現來自專業技術能力和近些年管理界最常提及的「顧客服務」、「溝通協調」、「團隊合作」等員工核心能力。員工的能力是企業策略能否實現的保障，提升員工能力的成效關係到員工是企業的重要資產或僅是一項費用。要如何提升員工的專業技術能力以及其他的核心能力？尤其是新進人員應該儘快具備哪些核心能力？這是多年來主管關心的問題，對於有心想提升學生就業力的學校，或是想培養自己職場即戰力的學生和職場人士，也是非常想要知道的答案。

有些企業只關注員工的專業技術能力，透過招聘高素質的員工，提供培訓課程，讓新人儘快的熟悉工作流程。這種選擇菁英施教的方式的確可以縮短培訓時間提早進入單位工作，在專精領域有突破發展，卻對員工的核心能力沒有幫助。雖然可以提升該新人專業操作的熟練度，卻對團體合作的能力提升不大，有助於技術工作，卻降不下來生產單位成本，更無助於對企業文化的認同。

更多的企業搶不到優秀的人才，除了自怨招聘條件不如別人外，也可能對企業培訓人員沒有信心。這些企業培訓單位可以保證員工學會崗位工作技能，但對核心能力的培養沒有系統性的規畫，並缺乏監督過程和衡量結果的設計；無法保證經過企業培訓的員工，不論學歷背景，一樣可以達成企業各階段專業能力和核心能力的需求，尤其對於新進人員崗位技能之外的其它核心能力訓練，常常是由新人自行摸索得來。例如：如何報告溝通、如何融入團隊等。新人即使熟練工作業務，但通常仍要等上一年甚至更久時間，才能成為同儕眼中能「發揮戰力，不拖後腿」有默契的合格夥伴。員工核心能力的緩慢成長不僅無法支持企業的快速發展，也在這次疫情期間居家辦公模式中，顯露了員工缺乏自我管理能力，無法自行規畫工作行程，無法獨自思考判斷時，對工作的嚴重影響。

培養核心能力提升即戰力

這是一本介紹台積電TQM（全面品質管理）專案爲了提升員工核心能力所進行的培訓實驗，結合的平台是企業較熟悉的品管圈活動。透過培訓方法和品管圈輔導方法的改良，可以讓員工在品管圈的改善步驟中，體會職場的各種情境考驗，學習應對的技巧和行爲，明確展現核心能力成長的成果。讓新進員工在三個月後可以有獨立作業的能力並習慣企業管理方式，讓資深人員可以有更高階的問題解決能力和管理團隊的經驗。不僅適用於企業培養員工核心能力，尤其是提升新進人員的職場即戰能力，也適用於學校，使學生提前具備企業需要的特質，提升就業能力。

系統化學習成功關鍵經驗

報章雜誌常報導優秀企業的員工表現，也常有員工分享工作經驗，這些是很好的學習目標，但卻不能直接照抄；因爲這些典範多數不是描述專業技術的能力，而是描述某些核心能力的成就。學習別人的核心能力時，要考慮自身企業的環境文化、個人的能力及同事的互動都跟這些報導的典範不同，所以在羨慕別人成就的同時，更要探討其應對方式的背景，爲何使用那些技巧方法可以成功的原因；也就是不僅是要懂Know How（如何做），更要懂Know Why（爲何對方這樣做會成功）。透過系統性方法的學習會比拼湊式的學習效果更好，這正是標竿學習別人經驗的成功關鍵。

目前市面上報導企業成功案例和個人經驗的書很多，但很少有介紹如何因應環境，選擇需要培養的核心能力，有系統的逐步養成的方法。本書解釋了台積電如何分析員工核心能力的問題，改革培訓做法的動機，新做法的理論根據和內容，以及獲得的成果。各企業即使與台積電的經營策略、經營理念和經營方式不同，但是「提升員工核心能力的迫切性」卻是相同。所以可以參考書中的理論和經驗，根據自己的情況特色，發展更好的培訓方法。

這是一本值得仔細推敲內容，愈實踐愈有心得感受的書。希望本書有拋磚引玉的作用，邀請各企業共同思考有效的培訓方式，相信這一次您能做得比台積電更好。

歡迎各位先進同好來信指導討論，或到我的網站留言。

Email：pblqcc@gmail.com

網站網址：https://www.pblqcc.com

方法理論篇

第 1 章
別讓員工的能力限制了企業的發展

我在與企業經營者座談或是輔導提升經營績效的過程中，發覺這些經營者痛苦的不是找不到創新的模式或發展的策略，也不是聘請不到高階的管理人才，更不是打聽不到別家企業的核心價值觀；這些都可以像購買先進設備那樣，用金錢找到智囊團或是別公司的掌舵者來引進同樣的發展方式。難受的是有了策略和挖角來的高階主管，也從顧問公司知道了導入的方法，卻沒有相當能力的員工去執行任務，在別家企業可以實踐的價值觀和策略，到了自家企業只能當成口號，真正的體會到心有餘力不足的悲哀。

談到管理的問題時，也常提到部屬推諉卸責、工作很被動、沒有時間觀念、沒有效率觀念、沒有問題意識，不會主動解決問題、不會團隊合作等；經營者苦惱的已不再是部屬是否熟悉工作內容，是否熟練設備操作的問題，而是部屬缺乏了某種能力。

1.1 企業轉型或變革不成功多數因爲員工能力不足

在企業創新，組織轉型或流程變革的呼聲中，許多**經營者不是不想做出改變，實在是員工的能力限制了轉化的機會**。尤其一些第二代的企業接班者，興沖沖的引進一些先進的管理方法或是系統，往往發覺員工適應不了或發揮不出這些新制度和流程的好處，輔導的顧問也覺得員工的學習能力差，有種「虛不受補」的現象。有些甚至是因過程中產生意見不一致、協作不順暢，衍生出來的負面情緒影響，而消極抵制或刻意渲染可能存在的問題，導致改革都是曇花一現的結果。

轉型變革之所以失敗，與其歸咎是主管權力的爭奪，員工的抗拒，不如說是員工適應能力的不足，未能產生星火燎原的作用，只能繼續在舊的組織運作中存活，無法面對工作流程的變化。

年輕的企業或是創新的公司，雖然工作流程和營運模式相對先進，員工朝氣蓬勃，但是如果只能處理崗位固定的流程工作，卻沒有應變處理問題的能力，也只能在主管的密切指揮下發揮組織的功效。一些員工一旦離開主管的監督和指導，對工作造成的損害在這次疫情的情況中顯露無遺。

所以企業不要只關注別家公司的成功經驗，要思考的是如何提升員工的能力，讓標竿學習的想法能夠實現。招募挖角對企業不是好的方法，因爲老員工畢竟占公司的多數；企業要靜下心好好發展內部提升員工能力的做法，將一般資質的新人和舊人，快速培養成高階能力的人才。

1.2 員工核心能力對策略的成效愈具影響力

在勞力密集型企業占產業主流的時代，對員工能力的認知以爲只跟個人專業技術有關，和別人溝通協調、工作態度等這些看不見的能力，通常被認爲是跟個人特質或工作經驗相關。隨著產業的升級，員工需要互相合作和直接面對客戶的機會增加，員工能力的重要性更爲提高，員工能力被進一步區分爲完成工作的基本能力和可以產生更高工作績效的差異能力。

這些可以產生高績效的差異能力包括：溝通、彈性、適應力、結果導向、以客戶爲中心、解決問題、團隊合作、分析性思考、領導力、建立關係、規畫與組織等。許多企業把這些包含了觀念、態度、行爲和知識工具應用的能力，列爲員工的核心能力。

隨著國民教育程度的提升，電腦技術在機器和流程上的應用，員工的基本業務操作能力在各企業間差異不大，各種策略的實施，效果的差異也逐漸與員工的崗位操作技巧無關，**影響策略成效的大都來自於員工間的協作能力或工作態度等核心能力**。員工核心能力愈來愈影響企業競爭力的大小，成爲產業競爭中致勝的關鍵。

1.3 提升員工核心能力能促進營運創新

受員工核心能力影響最大的是企業的營運創新。營運創新是指企業在履行訂單，傳遞給顧客價值（產品）的某個環節進行改造；可能是改善產品，增加顧客服務或是執行其他活動的全新方法。

對比商業模式的創新是來自於高階主管對產業環境的洞悉，個人的創意和遠見，技術領域的創新是一群專業知識人才的智慧結晶，**營運創新可以是藉由大多數員工在日常工作上，累積出來的各種創意和改善成果，所以最受員工核心能力的影響**。

例如企業想推行某項服務客戶的創新方案，影響方案成敗的通常不是配套的科技設備，而是來自於所有參與人員的觀念態度和行爲，而此觀念態度和行爲就是員工核心能力的一部分。

企業如果在技術研發上的比重不高，其實不用迷信搶奪高學歷人才，因爲以現在學生對科技產品的熟悉程度，多數人可以勝任科技化設備的操作工作，所以應該關注另一個也會影響企業績效的員工核心能力，在營運創新上取得成就。

許多企業因爲科技技術的進步，常會有創新的營運方案，對於員工的要求除了具備工作崗位的知識技能外，也期待員工能夠解決問題，應對突發的各種挑戰。員工的這些能力顯現在外形成一種幹練氣質，贏得客戶或是其他來往企業的稱讚。這樣的稱讚不是針對員工學歷，而是從交往應對中所感受到的態度、知識、做事的品質等綜合體。讓你覺得放心，願意信賴他們的工作成果。老一輩的人把這能力稱爲員工素質，現在就稱爲是員工核心能力。

1.4 員工核心能力會是台積電發展上的困擾

台灣積體電路製造股份有限公司（台積電）於1987年在台灣

新竹縣成立。廿年就進入世界一流公司的行列，在全球半導體產業中有舉足輕重的地位。三十年成爲具國際戰略影響力的公司，許多國家元首政要紛紛爭取合作的機會。

台積電的經營策略以及面臨的挑戰，決定了營運模式上要不斷創新，需要員工有快速應變蒐集資訊，跨單位協作，自動組成團隊處理問題，靈活因應客戶需求，反覆思考判斷，務求每個決定都盡量想得深、想得遠的能力，而且在每個小細節都努力創新改善，提供客戶更滿意的服務。

例如工廠中新進工程師有較高的輪值夜班安排，深夜時常常需要聯合數個單位，妥善與國外日間上班的客戶討論產品生產問題，在清晨的跨單位生產會議中，需做好夜間問題的資料分析，讓日間接班的同仁可以快速的驗證分析資料而做出對策。這裡面涉及到如何與客戶溝通、判讀數據、制定暫時防堵措施、分析原因、有效的會議、高效團隊執行力等一切直接影響客戶信任度的行爲。

員工核心能力是其適應公司管理文化，能發揮額外績效的能力，對新進人員而言，**核心能力成了員工能否在公司順利工作，受主管和同事歡迎的關鍵**，影響了新人的離職率。所以員工核心能力的發展速度，尤其是新進員工被主管和同仁認可其能力的時間，已成爲制約公司成長的重要因素。

因爲當時民衆對半導體行業的陌生和公司設廠位置沒有便利的生活休閒環境，在公司成立後的前十五年，一直處在吸引不到足夠人員應徵的情況，即使有高額推薦獎金，鼓勵員工找親友來面試，但是招聘速度仍無法滿足擴廠的需要；各單位也無法容忍新進人員雖然有刻苦耐勞的工作態度，但三個月後仍無法獨立作業，或是雖然熟練崗位工作，卻因無法適應管理方式而離職，單位又要重新招聘重新訓練，至少延誤工作半年時間的情況。所以單位主管的管理指標除了單位組織功能的工作績效外，資深員工的培訓成效和新人的離職率都是重要指標。

困擾台積電發展的員工能力中，與專業技術有關的部分較少，雖然學校沒有半導體的相關科系，但是台積電發展的初期，當時的設備操作和技術研發對專業知識的要求都只是基礎的學科知識，以及較好程度的英文閱讀能力。影響台積電績效的最大因素來自於員工不習慣遵守比其他行業更爲嚴格的工作要求，這些要求包含了對工作環境的潔淨要求，對產品品質和工作品質的作業要求，對處理問題的管理要求等，員工在觀念或行爲上的一點小疏忽，就可能造成產品的重大損失。

例如：烤箱的警示聲響時，操作員沒有及時地拿出晶片，會造成該批晶片的毀損。工程師在輸入操作生產指令時，沒有依規定找人確認，導致輸入類似但錯誤的程序，造成整批晶片報廢。遇到異常狀況，各單位忙於推卸責任，讓客戶氣得找高層投訴。一些行爲只涉及遵守紀律和重視品質的觀念，一些行爲卻需要有專業知識外的核心能力來支持，員工缺乏這些核心能力，不僅無法達到更高的品質水準，更讓客戶失去信賴。

1.5 許多主管不知道提升員工核心能力的做法

提升員工核心能力的重要性已經是現今主管階層普遍的共識，但是對於如何提升核心能力的做法，卻少有能清楚完整的說明。一些高階主管可以舉出執行力、溝通力或團隊能力等核心能力對其策略的影響，但不知道這些能力要如何培養。就像一個將領擬出完整的作戰計畫，空降特種部隊到敵方陣營進行斬首作戰，但不用知道如何培養士兵團隊作戰的能力，滿足能夠空降，在地面上能夠快速集結，應變各種突發狀況，最終達成目標。

普遍的觀念認爲訓練部屬的能力是基層主管和培訓單位的責任，中高層主管負責協調與策略的層面。這種想法的立論點是各單位分工要能互相搭配，而且「能發揮應有的」支援功效。例如在二次世界大戰盟軍展開諾曼地登陸前，爲了實現反攻的各種戰術應用，盟軍各單位提前一兩年培訓士兵達到應有的技能，所以盟軍高層將領只需要制訂戰略和執行的計畫，不用擔心士兵缺乏相應的能力。

但是現在企業的實際情況是，多數基層主管可以教導部屬專業技術，卻對提升核心能力沒有經驗，甚至本身的核心能力也不符合企業要求；培訓單位雖然提供員工如何培養自己核心能力的課程，卻無法衡量員工核心能力的程度，提不出培訓有效的證明；更多的人更誤以爲公司待久了，經驗多了自然會產生核心能力；核心能力仍是屬於大家知道它的存在，但不知道如何控制和驗證的能力。

因爲誤判員工核心能力的水準，所以企業中常可以看到，某些高階主管提出來的計畫無法執行，甚至從世界級公司挖角來的主管，所提出的一些精妙策略或管理方法也無法得到預期效果；失敗的原因常被籠統稱爲是執行力不夠，但分析後可以發現就是員工和主管的核心能力不夠。

古代許多將領既精通戰略也熟悉如何練兵，例如宋代岳飛和明代戚繼光。尤其戚繼光還將如何選兵、練兵、布陣、行軍、總務、兵器以及軍禮軍法和將帥修養等，寫成了「紀效新書」和「練兵實紀」兩本書，成就了著名的戚家軍。這些將領知道戰略、戰術要靠士兵來執行，所以熟悉提升士兵戰力的「可行做法」，甚至根據士兵的能力去修改原先的作戰計畫，以確保作戰成功。

若用治病來比喻，一些醫生在提出某種治病方案時，會考慮到病人的體質，某些情況要先調理病人的身體，才有辦法接受這個方案的治療。調理病人體質的方法就好比是企業中提升員工能力的做法，要有實際的行動和驗證，不能靠勸說或精神勉勵，期望病人自己努力來讓體質發生改變。

主管如果對提升員工能力的「實質做法」完全沒有概念，在提出策略或引進某系統或管理制度時，就只能把員工的能力當成一種可能導致策略失敗的「人力資源管理風險」；如果對這些培訓方法有所了解，就能判斷員工的能力能否支持這些執行計畫，對培訓單位提出相關建議，避免因員工能力不足導致新的管理方法或策略對企業不是良藥反而造成混亂副作用。

1.6 提升員工核心能力的做法是「專業知識」

企業投入金錢於員工培訓，就是希望員工受訓後能夠提升工作績效，支持企業發展從而獲得商業利益。然而一般培訓方法只能保證員工具備崗位固定工作相關的能力，對於進一步培養策略執行所需要的核心能力，多數企業成效不佳。

員工核心能力是近十五年才開始普及的名詞，企業仍然沿用以前提升員工專業能力的方式，透過上課的知識傳授，和安排資深員工提供協助，來提升員工的專業能力和核心能力。

這個培訓方式的實施結果，可以發現對提升員工專業能力有效卻對核心能力起不了期望的作用，員工的核心能力依然是主管和員工的痛點。以前員工離職的關鍵因素偏向專業能力，例如電腦能力，或崗位技能不符合職涯理想；現在的離職原因常常是核心能力的問題，例如員工無法適應管理方式，團隊合作能力不佳。

現有培訓方式沒有對核心能力發揮成效的主要原因，是**員工的核心能力是靠員工和環境間的互動，將知識應用在實務上體會而來**。而現在培訓的模式仍跟以前師傅帶徒弟的教導方式一樣，表面的技術很快學會，但是工匠的精神卻靠徒弟自己領會，師兄姐幫助不大，是所謂的「師父領進門，修行在個人」。對企業而言，這種缺乏系統性的學習，靠員工自行慢慢領悟的方式，讓企業除了看到員工熟悉工作外，卻看不到員工有優異表現的證據，也導致各企業經營者不願意投資經費在專業技能之外的核心能力培訓課程。

多數企業尚未體認到培養員工的核心能力是項專門的知識，有科學的步驟流程來遵循，絕不是提供課程或找個主管或師兄姐就可以達成。軍隊的訓練很早就有這樣的認識，當決定戰役勝負的條件不僅是武器裝備和士兵的武器操作能力，更包含觀念態度，協調能力，應變能力等核心能力後，軍隊從游擊隊的老人帶新人，進步到班長帶新兵，最後發展成軍校和新兵訓練中心。這樣的發展是因爲體會到新人核心能力的培養需要系統化的實施，才能保證快速有效且達到思想觀念上的統一，不會受不同主管觀念特質、本身能力或培養部屬勤勉程度的影響。

企業想提升員工能力，尤其是包含觀念、態度、知識、技能的核心能力，要先把培訓的做法看成是「專業知識」，是有系統化的流程、實施方法和理論根據，可以眞正驗證訓練成效的專業做法。

主管要踏出的第一步就是告訴自己，「我很會帶兵打仗，但可能眞不懂練兵的方法，我需要專家教導培訓的專業知識，只有自己也懂得練兵的方法，才能督導要求培訓人員完成期望的培訓任務。」

1.7 在誤解中未被發現的台積電實力

社會大衆對於台積電員工的印象是高薪、耐壓、耐操、耐勞、能力強。有的人覺得高薪是員工有優秀表現的主要關鍵，有的人覺得是員工來自名校，學歷高是主要關鍵。其實這些都是錯誤的判斷。因爲台積電的海內外競爭對手，以及其他產業公司，即使擁有高薪、名校兩個條件，也未培養出相對能力的員工。

台積電未被發現的實力是能夠在短期內提升員工核心能力，快速讓新進人員認同公司價值觀，達到一定的工作水準，包括觀念、態度、知識和技能行爲等都符合公司和客戶的要求。支持了一年內完成建廠，很快達到損益平衡目標下，所需要的員工能力。當別家企業新進人員即使有高學歷和專業知識，卻仍需要一年以上時間才能發揮績效時，台積電各種學歷的員工在三個月或半年內就可以像資深人員一樣的處理問題，幫助公司獲利，這中間的差距就是拉開競爭對手的祕密武器。

媒體曾有傳言台積電的培訓方式就像是把員工丟入海中，能游回岸上的自然存活下來，採取不管不顧，物競天擇的方法。這個傳言錯誤之處是忽略了招募成本以及不合格員工可能造成的損害，細想之下就知道是無稽之談。正確的解讀是，員工是在嚴謹規畫的輔導下（教練），在眞實的環境中學習（海中），面對眞實的挑戰（海流海浪），去學習眞正的技能，不是在游泳池或是聽課看影片來學習。

戚繼光《紀效新書》中特別強調，士兵訓練要按實戰要求從難從嚴訓練，反對只圖好看的花架子。台積電針對數量倍增的員工，運用特殊的培訓方法讓新人具備專業能力和各種適應環境的核心能力，引導員工的行爲從滿足於「會做」的從業心態提升到追求「做好」的敬業心態，相關做法正是本書將描述的TQM專案的創新培訓做法，也是台積電的人才培育祕訣。

第 2 章
TQM專案培訓實驗的理論和發現

2.1 用TQM的理論與技術提升員工核心能力
2.2 用品質定義區分個人軟實力和員工核心能力
2.3 用戴明博士的管理原則來規畫培訓
2.4 培訓的目的和績效要跟企業的策略發展掛勾
2.5 用品質成本來看員工培訓的投資價值
2.6 核心能力培訓的做法要配合招募方案
2.7 培訓的重要工作是將軟實力轉化成核心能力
2.8 傳統培訓方式無法滿足培養核心能力的需要
2.9 制度和活動沒有考慮對核心能力的影響
2.10 TQM專案對改良培訓做法的實驗
2.11 把核心能力訓練時機放在員工剛進公司時
2.12 像新兵訓練中心模式培訓核心能力的想法
2.13 TQM專案的實驗成果

本書是我整理記憶中1996—2001年間，台積電TQM專案為了提升員工核心能力，進行各種培訓實驗的重點，加上我在輔導兩岸供應商，醫院和學校時，因應各組織特性的修正作法。

雖然實驗結束至今已經廿年，台積電目前的人才培育方式有更大的進步，然而多數企業的資源和培訓系統的基礎沒有辦法跟現在的台積電相比，所以不適合參考現在的做法。但是當年TQM專案所推廣的許多培訓觀念到現在仍是非常有效，尤其適合正在升級轉型或急速擴充的企業和想提升學生就業力的學校等培訓機構。

2.1 用TQM的理論與技術提升員工核心能力

台積電1995年前，也跟其他企業一樣，由人資部培訓課負責規畫員工的專業知識培訓和崗位訓練，由單位主管負責督導行爲態度，由品管單位推動品質活動來潛移默化品質觀念，例如6S活動、提案改善活動或品管圈活動。但是當公司從各種事件中，分析發現員工的問題常跟專業能力無關，跟年資也無關，常只能歸納成「員工的個人素質」問題時，高層主管體認到需要更專業的人員來解決，因此把這項任務交給了剛成立的TQM專案。

TQM（Total Quality Management）是全面品質管理的英文縮寫。是一種管理觀念，主張所有員工都能對作業活動，產品和服務品質不斷進行改善，以達到顧客的最大滿意。

TQM專案的功能是要協助公司從只重視產品品質的品質管制（QC）階段和重視流程的品質保證（QA）階段，進入重視管理品質和個人品質的新階段。要協助高階主管將組織經營的理念、使命、願景充分透過溝通、教育訓練、專案推動、活動獎勵等方式，使員工具備相同的態度和共同承諾的氣氛來達到卓越組織的目的。

對主管而言，要關注企業永續經營和領導統御的方法，對員工而言，要關注觀念、態度、知識技能等個人素養，對企業而言，要關注與客戶、供應商及社會環境的關係。這是將企業對外對內的所有工作，都導入品質的觀念和衡量方法，亦即全面品質管理（TQM）的境界。專案主管來自於飛利浦公司和摩托羅拉公司，各種做法多數取經於這兩家公司。

TQM專案關注的品質包含人、事、物三方面，亦即員工的素養（人的品質），系統及流程的品質（事的品質），產品及服務的品質（物的品質）。員工素養＝觀念＋知識＋技能，是指員工在自我學習、解決問題、面對挑戰的過程中所表現出的態度和行為，與專業技術程度無關。

TQM的理論中，員工素養的養成方式是透過一次次任務的執行，觀察員工的表現並給予指導反饋，反思和調整培訓方式，逐步深化累加而來。企業必須提供高度支持的學習轉化氣氛和環境，才能讓學習的新知識和技能不斷地學以致用，促動員工思維模式（Mindset）的改變，形成一種組織文化。

所以員工素養的提升不是透過知識面向的累積來呈現，無法靠課堂或E-Learning上課灌輸形成，要結合企業的策略計畫以及持續改善活動，實際解決問題，並從過程中得到能力的提升。

培養員工核心能力也是在提升員工的素養，TQM專案將應用TQM的管理理論與實施技術，讓員工核心能力的養成有清楚遵循的方法來達成目標，並可以清楚的看到工作進展和培訓成效。

2.2 用品質定義區分個人軟實力和員工核心能力

核心能力（Core competency）和軟實力（Soft power）原本是對國家某方面能力的形容，後來被應用到對企業和對個人素養的描述。這兩個名詞指的都是技術操作面之外的能力，媒體上兩種能力的內容描述有些相同，有些有差異，對企業招聘和培訓人員，甚至求職者本身帶來一些應用上的困擾。

個人需要具備什麼核心能力或軟實力才能符合企業的需求？TQM專案人員從品質的定義來釐清這兩者的差別和企業需要的員工核心能力。

台積電對品質的定義是「客戶的滿意度」，是從對客戶「有價值」這個觀點來制定品質的標準。所以用品質的定義來區分個人軟實力和員工核心能力的差別時，個人軟實力是指個人專業資格與工作經驗以外的個人特質，核心能力是指個人完成「組織任務」所必需具備的專業技術外的其他能力。也就是**個人的軟實力如果不符合企業的價值觀和策略，無法幫企業帶來利益，這些不算是企業需要的員工核心能力**。

2.3 用戴明博士的管理原則來規畫培訓

受到台灣飛利浦公司爭取並贏得日本最高品質獎—戴明獎的激勵，戴明管理思想深刻影響台積電主管管理和培育員工的做法。戴明博士是世界著名的品質管理專家，是品質管理界的宗師，他對世界品質管理發展做出的卓越貢獻享譽全球。1996年時台積電陳健邦協理甚至自費翻譯出版「戴明博士四日談」一書，贈送所有工程師和主管，發起學習戴明管理十四條原則的熱潮。

飛利浦集團是台積電的原始股東，授權並技轉關鍵技術給台積電，雙方人員有密切的交流。台灣飛利浦公司實施全面品質管理的經驗，是台積電TQM專案密切學習的對象。

戴明管理十四條原則中提到企業應當對所有員工實行長期連續的教育和培訓，尤其是對管理層和資深員工的培訓。書中指出如果老員工沒有受到系統化的培訓，只是有豐富經驗，這樣的老員工很難帶出好的新員工。這種師傅帶徒弟式的培訓，徒弟必定會學到許多錯誤的知識和觀念，而師傅和徒弟卻都無法辨明。

培訓將會提升工作人員的認知和工作水平，因此能提高品質和效率，所以這並不是一個額外開支，而是一種投資，對人和工作系統的投資。戴明博士指出培訓必須是有計畫的，且必須是建立於可接受的工作標準上，培訓的效果需要進行評估，而評估的辦法是對工作進行持續的統計分析。

戴明管理十四條原則中也提到要排除員工的恐懼感。恐懼不安有著極大的副作用，往往會使員工表現不佳。許多人不敢問問題的原因，是因為害怕引發爭端或受到責備。

戴明博士的管理觀念讓企業培訓做法和學校的教育作法產生明顯的區別。企業培訓效果必須體現在可以驗證的工作績效和員工適應公司管理的心理狀態上，不是一種知識的儲備，各種課程之間也不是沒有關聯的，也不是只看成績不看觀念態度的改變。這些管理觀念對TQM專案人員規畫員工的專業技術和核心能力的培訓方法提供了指導性的方向。

2.4 培訓的目的和績效要跟企業的策略發展掛勾

專案人員從戴明博士的管理思想中注意到培訓的目的和績效要跟企業的方針管理掛勾，要支持企業策略的實現。**企業的人才盤點不是只掌握員工專業技術能力的狀況，也要清楚員工核心能力的分**

布和水準，讓高層主管在設立分廠或實施某些策略前，會先來培訓單位詢問員工專業能力和核心能力的情況。

在企業穩定發展，多數員工有一定能力水準，或不需要太多核心能力時，培訓單位不清楚員工能力的情況對公司影響不大。但如果企業處在急速擴充，或正進行組織策略轉型的階段，或員工能力需要大幅更新時，企業培訓應該主動依策略需要去發展員工的能力，幫助公司打硬仗、打勝仗；在課程調查時要問的是「你應該學會什麼」，而不是「你想要學什麼」。

企業員工的核心能力，設定方式通常會跟企業的經營策略目標有關，不論哪個職務的人，都會進行能力水準的評估，列入需要培訓的對象。例如台積電需要快速的滿足客戶需求，所以非常重視員工團隊合作和問題解決的能力，這兩項能力也成爲密不可分，同時學習，同時評鑑員工能力水準的項目。

2.5 用品質成本來看員工培訓的投資價值

專案人員從品質成本的觀點看員工培訓的投資價值。品質成本分為四大項，包含預防成本、鑑定成本、內部失敗成本及外部失敗成本。

1. 預防成本（Preventive cost）：是為了防止不良產品（或服務）發生所支出的成本。

2. 鑑定成本（Appraisal cost）：是指投入於檢驗、測試及發掘不良產品（或服務）等活動所花費的成本。

3. 內部失敗成本（Internal failure cost）：是指產品、零件或物料交給顧客之前就發現未達到顧客的品質需求條件所造成的費用。

4. 外部失敗成本（External failure cost）：將產品運交顧客之後，因為發生不良品或被顧客懷疑為不良品所支出的成本。

其中，預防成本與鑑定成本是發現不良品之前的成本，稱為事前成本；而內部及外部失敗成本係發現不良品之後的成本，稱為事後成本。事前成本屬企業的可控制成本，而事後成本基本上則為難以控制的成本。

員工的教育訓練屬於預防成本，在工作的前期，預防成本的投入，養成員工正確的工作態度和技能，可以減少後續難以預料的各種成本，讓企業獲利更多且營運更為穩健。而且員工持續改善的觀念和能力，使員工成為可以不斷增值的資產，提升效率，減少企業聘用新員工的費用。

企業要衡量投資培訓的績效，可以從後面幾項成本的減少來對比。因爲品質成本的各項成本中都可以再分出因營運變化所增減的變動成本和設備成本或是因員工能力不足需要的事後因應成本。這些事後的因應成本可以透過財會資料、品管資料、專案管理單位或是從主管反映的問題中分析取得，可以應證員工核心能力的培訓績效。

例如因爲團隊合作能力差，導致流程天數變長，時間花在開會溝通和寫郵件保護自己的事情上，或是員工操作存在某比例的出錯率。這些都不是一個單位主管再三叮嚀，重賞重罰就能改變單位人員的事，主管會感嘆如果大家合作一點，主動一點，仔細一點，就會有更好的績效。從客戶的眼中來看，這就是這個公司員工的素質（素養）不好。例如推拖拉的官僚氣息和粗心大意的作業習慣。

企業培訓的績效指標如果是員工平均的上課時數和課程的滿意度，這聽在經營者的耳中是屬於提供給員工的福利，愈高的指標值表示投了愈多的錢，換取員工感激公司和外界的好印象；在公司賺錢的時候，預算可能可以配合員工的數量增加，遇到不景氣需要刪減公司支出的時候，培訓的預算常被列爲首要刪減目標，刪減幅度甚至比尾牙、員工旅遊等福利措施還大。培訓單位主管也容易採取跟採購主管同樣的思維模式，努力用比去年更少的預算，達到更高的員工上課時數和課程的滿意度。

但如果**用品質成本來當培訓的績效指標，對經營者而言這是在花小錢幫公司省大錢，甚至儲備人才準備賺更多的錢**。在培訓經費上的花費都可以在後面成本的減少上取得投資回報，也可以在各種改善創新專案中看到新增的成效。所以景氣不好時企業透過培訓員工調整企業體質，景氣旺盛時企業趕緊培訓人才以迎接快速的擴充。這種發揮培訓價值的觀念常見於許多成功企業的報導，是眾多成功祕訣中最容易學習的做法。

2.6 核心能力培訓的做法要配合招募方案

專案人員用「進料管理」的品質觀念看培訓和招募單位，是兩個緊密相依的單位，功能是幫企業擁有期望水準的人才。

原料是製造的源頭之一，直接影響產品品質及製造成本，但進料管理的重點在獲取好品質的原料，而不是著重在進料檢驗的本身。**多數企業是讓招聘單位擔任進料檢驗的功能，員工就像原材料被招募單位檢驗採用，經過培訓單位的加工後，變成讓單位可以使用的原料**。

例如台積電招募員工時是選擇「志同道合」而非所謂的「學霸

人才」，「志同道合」不是指專業背景的相關，而是預測應徵者將來在日常工作中的觀念態度和行為等方式符合公司的企業文化。張忠謀董事長常提醒主管：「不要太重視學歷和經驗，而忽略了人格特質和溝通能力。人才不是看學歷也不是資歷，他做事的態度和精神占很大一部分」。

培訓單位要根據招募單位判斷「志同道合」的方法內容，來調整培訓的做法，確保錄取者在將來工作中的觀念態度和行為方式都符合公司的企業文化。

隨著公司在國外設立分廠，以及年輕員工的成長環境，文化差異和世代的觀念差異，讓挑選合適員工的面試工作愈發困難。招聘的流程愈來愈複雜，考核的項目愈來愈多，看走眼員工軟實力的機會卻也愈來愈高。從品質成本的觀點來看，這都是檢驗成本的增加。

如果能強化培訓單位的功能，可以減輕招聘過程選錯人才的壓力，培訓單位的功能愈強，愈能夠將招募進來合格或勉強合格的員工都調適成使用單位需要的原料人才，不僅可以減少重新招募的成本，也可以減少後續主管的訓練成本和失敗成本。

尤其若把培訓放在招聘之前，先對學生或社會大眾培訓，掌握「好品質的原料」來源，更能精準地找到適合公司需求的人才，招聘單位人員和面試的主管都能變得輕鬆，更省錢。（請參考第9章）

2.7 培訓的重要工作是將軟實力轉化成核心能力

新進人員除了畢業生外，也包括來自其他公司的人員，有些人可能已經有深厚的軟實力。專案人員認爲除了灌輸新人公司期望的核心能力外，**將新人的軟實力轉化成核心能力也是培訓單位的重要工作。所以培訓工作不是單純的在白紙上作畫，可能是更複雜的將老舊的圖畫改成新的圖畫**。

這些新進人員的軟實力包括溝通能力、團隊合作、分析思維、創造力等，可能是來自於生活上的經驗，還停留在街頭式的聰明（Street smart），需要培訓單位提供相關的知識和工具，企業文化和管理方式的調整，轉化這些軟實力成爲公司期望的核心能力。

例如某新人工作經驗豐富，具備處理問題的軟實力，但是台積電希望員工處理問題時依據公司的問題分析與解決的步驟，要根據客觀的數據，分析判斷後才能擬定對策，不能像以前那樣憑直覺或經驗就做出反應。另外在與別人進行溝通時，要遵守公司的價值觀，以誠信的原則來說明，不是以不擇手段取得對方的同意當成溝通力的表現。

許多企業的培訓單位把員工核心能力的發展歸因於課堂老師的教學功力和員工自己的努力程度，無法給單位主管任何保證，所以單位主管沒有意願安排部屬去上課。專案人員覺得培訓單位應該再主動些，對培養員工的能力有更多當責的做法。要思考如何配合用人單位的需求，將面試時初步判斷符合公司要求也具備相當軟實力的新人，在剛加入公司的幾個月內，快速轉化成核心能力並適應公司文化，建立與各單位員工的合作默契，成爲眞正對公司有貢獻的夥伴。

2.8 傳統培訓方式無法滿足培養核心能力的需要

TQM專案在承接提升員工核心能力任務後，經過實地調查發現，當時的培訓系統，單位的崗位訓練和各種持續改善活動間缺乏整體的規畫和有效的聯繫，雖然對於訓練員工熟悉崗位工作的技術和品管工具仍具備成效，但對於培養核心能力效果不大。**同單位資深員工的核心能力參差不一，各單位間員工的水準差距也很大**，顯示原先核心能力的養成是靠員工自己，不是靠企業的培訓。

對於新進員工而言，許多急需具備的觀念、行爲、團隊能力和對管理方式的適應，無法透過原來的培訓方法來快速養成，常需經過一年多時間慢慢適應自覺發展；期間要忍耐資深同仁的無奈，失望甚至排擠，這種員工能力緩慢成長的情況，不僅影響日常產品問題的處理，員工無法適應管理方式導致的偏高離職率更成爲快速擴廠的絆腳石。

傳統的培訓方式只能提供員工熟悉流程步驟和設備操作水準的數據，其他的核心能力完全無法估計和分析，對於擴產設廠需要的人才盤點，只能提供年資和學經歷的判斷條件，無法保證員工的轉職調動不會降低原單位的績效能力。培訓單位的功能逐漸與決策過程和營運績效脫鉤，變成類似職訓中心的訓練單位；企業經營者和主管相信操作技術相關課程的效果，但對核心能力的課程效果沒有信心，因此不願意投資經費，主管也不會跟培訓單位討論員工的核心能力情況。

2.9 制度和活動沒有考慮對核心能力的影響

除了培訓方式的問題外，各種活動、流程、系統的導入甚至制度的設計，也沒有考慮會對員工的能力發生什麼影響。因爲他們都認爲這是培訓單位和員工主管的事情，跟他們無關，然而**這些活動**

流程是員工每天要面對的事情，系統制度形成的企業文化和管理方式是員工要去適應的環境。這些就像是大海中真實的海流海浪，對員工充滿危險；製造海流海浪的單位，不能不注意員工的能力，而是應該幫助員工成長，再升級更大的挑戰。

例如各種持續改善活動重視的是改善效益，並沒有真正檢驗員工能力成長的情況；導入認證活動時，急就章的導入方式只是增加員工的工作量，企業得到證書，但對員工能力沒有幫助；主管想實施當責的觀念，但是考績制度卻偏向懲罰熱心的員工，暗示著多做多錯，謹守本分工作就好，造成員工的困惑；企業希望用ERP的管理系統來提升員工效率，但是單位的管理權責沒有釐清，員工變成要做電腦和書面兩套表格，完全沒有提升工作效率和能力。

2.10 TQM專案對改良培訓做法的實驗

專案人員經過對現況問題的分析並結合以上品質管理觀念後，選取少數單位和部分新進人員進行改良式的培訓做法，對照其他接受傳統方式的員工，觀察之間的差別。然後不斷的修正做法，擴大實施範圍，最終取得最適合公司的培訓方案。實驗重點如下：

1. 釐清公司期望的核心能力是哪些？修改課程的規畫和實施方式。（請參考第3章）
2. 規畫提升團隊協作能力的學習方式，以及能看見培訓績效的平台，整合與提升員工能力有關的單位，系統性的發展一套訓練方式。（請參考第4章）
3. 以季或半年爲一梯次，將所有核心能力課程圍繞在一個中心主題，實施所有相關課程和活動。（請參考第4章）
4. 爭取主管和員工相信參加培訓可以提升核心能力，進而養成習慣並形成整體的文化。（請參考第5章）
5. 根據公司期望的核心能力，挑選相關的知識課程，支持核心能力的發展。（請參考第6章）
6. 爭取其他制度和系統的支持，提供員工應用核心能力獲得額外績效的機會，強化員工主動學習提升能力的誘因。（請參考第7、8章）

2.11 把核心能力訓練時機放在員工剛進公司時

TQM專案培訓實驗初期的對象是放在三個月內的新進人員，以三個月爲一期，培訓成果將追蹤新人在崗位工作上的表現，其他員工和主管的接納程度，和新人自己的適應感覺和離職率。

選擇新進人員當實驗對象的用意是嘗試把核心能力訓練時機放在員工剛進公司時，而不是後來添薪加柴般逐年零散舉辦課程的原先培訓方式。在員工進入新環境，心中徬徨不安的時候，培訓人員第一時間把新人可能面臨的工作問題，公司的管理要求講清楚，並給予相對的訓練，希望**一次到位塑造員工的觀念認知，行爲和知識技能，從而減少後續的許多管理成本**。

新人剛進公司時，對環境感到陌生不安，爲了求生存，是學習動機最強，且最容易調整或塑造核心能力的時候。如果能夠在這個時期培訓新人具備公司期望的核心能力，可以降低日後受主管管理方式的影響，新人可以自主管理減輕主管的督導負擔，在各種崗位上，僅需要隨著狀況的變化，再自主學習補充一些能力。

這樣的培訓觀念也很適合後疫情時代的培訓發展，因爲分散辦公和遠距辦公，主管更難監督指導部屬的工作，更遑論對其核心能力的培養。員工可能應用其原先的觀念態度等軟實力來應對公司的任務和人際關係，主管如果採取在網路上緊盯部屬工作的做法，雙方上班的壓力更大，效果不見得有好轉。所以培訓單位在新人階段就培養好員工的核心能力，使員工能獨立處理問題，自行組成團隊應對突發事件，不用事事請示主管，不用依靠主管協調才能團隊合作，將是後疫情時代重要的培訓方向。

2.12 像新兵訓練中心模式培訓核心能力的想法

隨著實驗的進行，專案人員愈發覺得培訓的方法可以取經軍隊新兵訓練中心的做法，但是不用要求新人離開崗位集中訓練，而是採用其把上級期望的標準說清楚講明白，並設計成可以透過訓練達成並驗證成效的培訓模式。戴明博士指出培訓必須是有計畫的，且必須是建立於「可接受的工作標準上」；專案人員覺得這項管理原則不僅適用於專業技術的訓練，應該也適合核心能力的訓練課程。

專案人員不會採用軍隊階級分明的管理方式，但吸取新兵訓練中心模式的以下優點：

1. 核心能力的培養由培訓單位負主要責任，減輕主管的管理負擔

軍隊新訓中心對新人先培養軍人需要的核心能力，塑造應有的觀念和行爲習慣，然後分發部隊後，再學習崗位的專業能力；對照多數企業在新人訓練階段只宣導一些重要規定，將員工的觀念和行爲的養成等核心能力交由單位主管負責的做法；新訓中心的做法對新人和主管更有利。

公司中一些管理者對部屬沒信心、控制欲強、強調結果卻沒空指導員工，情商也不好，會把壓力發洩到部屬身上，很容易就把招募來的人才變成奴才。培訓單位雖然重視主管的培訓課程，希望主管會做事也會帶心；用意雖好，但是在主管改正行爲前，卻是在冒著損害部屬核心能力的可能性，尤其是新人對公司的管理認知；新人可能會誤以爲這就是公司的企業文化，而產生離職的想法。

專案人員發現期望主管負責發展部屬核心能力的想法有實務上的困難。因爲主管要領導團隊不斷的有更好的績效，所以對核心能力差的部屬會有怒其不爭的反應。如果要求主管在前一刻扮演黑臉嚴肅地要求員工，後一刻又要扮演白臉的安慰員工，主管的角色轉換很辛苦，員工也難以接受。所以常聽到主管在質問員工一些問題後，還要補充，「我生氣傷肝，我何苦來哉？我是爲你好，還不想放棄你啊！」，這些情景印證著現代企業主管忙碌高壓的工作情況，不適合繼續擔任發展員工核心能力的主要角色。

2. 將核心能力的內容轉化成明確可視的規矩，成為培訓計畫的內容

員工核心能力包含了符合企業核心價值的觀念態度和知識行爲，很多停留在感覺的層面，沒有像軍隊那樣有明顯的規定和標準。例如台積電招募志同道合的員工，要求員工要誠信正直，如果沒有明確的規定和標準，「志同道合」和「誠信正直」就容易變成各自表述的概念，或是一種空話套話。

多數主管心裡都有一把尺，可以感受到員工行爲能力是否符合主管心裡的標準，只是沒有明確的把標準寫出來。所以常常主管感嘆員工不主動、推卸責任、做事沒有重點、解決問題不動腦筋；員工覺得主管挑毛病、指令不清楚或朝令夕改、沒有擔當。雙方最後的結論就是請培訓單位舉辦相關課程，或是推薦員工看一些報導知名企業員工多麼優秀、如何做事的文章。但是雖然課程滿意度很高，也分享了不少文章，員工表現仍不能符合主管期望，或是員工覺得主管應該先來上這個課。這個問題就像燙手山芋在主管，員工與培訓單位之間傳來傳去。

TQM專案和參與實驗的單位主管將員工的日常工作行爲（做什麼、如何做）和能力設定一個標準，成爲明確的「規矩」，然後實施讓員工能反應式的表現該行爲的訓練。行爲的標準可以依工作特性和年資分別訂定，例如：要如何報告一個問題、如何蒐集需要的資料、如何分析數據、如何找到對策、如何應對客戶、如何帶領團隊、如何開會討論、如何跨單位合作等行爲。同時，行爲中應該

表現出哪些特點，才能符合積極主動、創新服務等公司期望的觀念心態。

發展這些規矩時可以學習新訓中心依重要性分出主次的實施順序，不用求一步到位想出和實施所有的規矩，而是在實務的操練中，逐步增加訓練內容，更有利於核心能力的驗證。

圖2-1：行爲的標準

把主管心裡想的，
變成明確的規範

3. 注重思想教育並安排與實際環境相似情境的學習

核心能力的學習比專業技術的學習更需要學習的動機和動力，所以培訓單位要幫新人做好心理建設，達成學習核心能力的共識。就像新訓中心對新兵的思想教育，明確讓新兵知道嚴謹的紀律內容是什麼？爲什麼要遵守這些紀律？爲何要艱苦訓練提升自己戰力？

並且透過專業人員安排與戰場最相似的環境，教導因應各種情境的技能，從實際磨練中養成其信念、榮譽感和生存的戰技。

員工的觀念態度很多是在新人時期受主管和資深同仁的影響而建立，學習對象中可能就有不良的示範；而且某些觀念態度和行爲也不是靠新人從雜誌書籍中學習，或靠自己的意志就能達成，要靠有情境和人員的互動才能體會。例如正向思考，不怕困難，團結合作等。

學習新訓中心的訓練模式有助於讓新人認同組織的價值觀，願意承擔責任接受嚴格的訓練，儘快習慣組織文化和管理方式，達到組織期望的目標。

2.13 TQM專案的實驗成果

專案人員經過多年的實驗與修改後，新的培訓方法對提升員工能力非常有效。至少產生了以下成果：

1. 新進人員在三個月後，能通過主管審核，參與夜間輪值，與客戶直接溝通解決問題，並適應公司嚴謹、實事求是、快速應變、遵守紀律等工作文化，新人一年內的離職率大幅降低。

2. 學習的內容馬上能夠應用，核心能力課程不再是紙上談兵的知識，而是能有實質的行爲績效來驗證。例如正面思考、解決問題等。
3. 員工知道公司期望的做事方法，以及應有的行爲標準，遇到問題不用事事請示主管，有信心主動處理問題。
4. 經過培訓的新員工工作績效甚至優於未經過培訓的老員工，例如在資料的整理報告、數據的分析、思考的周延性上。
5. 各項行爲標準已經成爲主管和同仁間的共識，形成了文化一部分，進而互相督促減少了主管的管理負擔。
6. 員工具備主動解決問題的心態，信心以及解決問題的能力，使持續改善活動蓬勃發展。
7. 影響許多制度的設計觀念，注意到員工能力的培養和展現，使員工更願意參與學習，提升個人能力。

第 3 章
明確要發展的核心能力和發展方法

自從員工核心能力，個人軟實力的概念被提出後，主管對於員工能力的要求不再滿足於每天完成的工作量或操作的熟練度，進而開始注重崗位工作技能之外的能力、觀念、行為特質。面對報章雜誌不斷地列出各種核心能力的名稱，企業主管不知道如何選擇員工應有的核心能力，培訓單位除了上課和分享文章外，也沒有培養這些核心能力的確切做法。很多人甚至認為依靠經營者的領導魅力和企業文化或是工作經驗自然能讓員工產生某些核心能力。

TQM專案在培訓實驗中發現這些主管把企業文化和員工核心能力的概念混淆視為相同，其實兩者間有相當的差距；企業文化通常是透過口頭相傳來影響員工，核心能力則是有系統性的知識結構，更容易透過培訓來獲得。

例如許多資深同仁有深厚的企業文化基礎，行為也身受經營者理念的影響，但並不是所有的核心能力比受過核心能力訓練的新人強，所以系統性的培訓才是發展員工核心能力的主要且見效快的作法。

3.1 企業不知道如何判斷員工應有的核心能力

1996年時員工素養和核心能力對企業都是新鮮的名詞，很難找到資料幫助企業判斷需要的核心能力和培養方法。這個問題延至今日，仍是很多企業的困擾。

根據2022年ZipRecruiter〈就業市場展望〉報告中表示，約有93%的企業主表示「軟實力將是他們決定最後要雇用誰的關鍵因素」。同時間另外一份報告也指出約有97%的雇主表示，軟實力與硬實力一樣重要，甚至更重要；那些18個月內被辭退的新員工中，有一半是因爲缺乏了軟實力。

用第二章TQM專案對軟實力和核心能力的區分方法來解讀這個報導，就是**招聘人員因爲不知道企業要的核心能力是什麼，所以用較寬廣的軟實力標準來挑選員工**；然後企業也不知道如何把軟實力轉化成企業需要的核心能力，結果主管發現新人不具備所需要的核心能力，所以當初招進的員工多數又被以缺乏軟實力的理由離開公司。

舉例來說，軟實力就是鋼材的泛稱，核心能力是其中某種特殊規格的鋼材，採購人員不知道公司需要的特殊鋼材的規格特性，所以從市場上木頭、塑膠、鋁合金等各種材料中，挑選了一批鋼材來使用；然而企業內也沒有辨識特殊鋼材的方法和轉化鋼材成特殊鋼材的能力，直到使用單位發現產品的問題來自於鋼材的規格特性問題，所以報廢了許多鋼材。但是因為採購仍然不知道使用單位期望的特殊鋼材的規格特性，購買時仍然會發生同樣的問題。所以用人單位心中的員工核心能力和招聘單位心中的應徵人員軟實力要加以釐清。

3.2 用「職能分析」來規畫員工核心能力的缺點

企業常用職能分析的方式來分析員工需要的課程。「員工職能」是指員工為了完成工作需要實際應用的能力及應展現的行為，並且依預測的績效標準，將職能分為基礎職能與專家職能兩類。「基礎職能」（Foundational Competencies）是指每個人在工作上所需最低限度的能力，例如熟悉工作的內容。「專家職能」（Professional Competencies）是員工產生差異化績效的能力，用以區分表現優秀或表現普通的關鍵因素，跟本書中的「員工核心能力」密切相關。

表3-1：職能分類表

<table>
<tr><th>類別</th><th colspan="2">說明</th></tr>
<tr><td>基礎職能</td><td colspan="2">對崗位工作內容能獨立作業，成功完成工作任務所需具備的基礎能力，記載在職務說明書或設備操作規範。</td></tr>
<tr><td rowspan="2">專家職能（員工核心能力）</td><td rowspan="2">為了提高個人和組織現在與未來績效所應具備的知識、技能、態度或其他特質等能力組合。</td><td>核心職能（Core Competency）是企業全體員工皆須具備的能力和行為，跟企業的經營目標和理念有關。</td></tr>
<tr><td>任務職能（Task Related Competency）是指與任務內容相關性高，跟單位目標和績效有關的能力。</td></tr>
</table>

TQM專案發現培訓單位在職能分析時，基礎職能的課程是根據職務內容來設計，讓員工學習工作方面相關的專業技術與知識。例如設備人員要學習操作設備，行政人員要學習處理的行政業務。在專家職能分析時，是把員工的工作內容細分後來設計訓練內容。例如櫃台人員要接待訪客，所以要有禮貌、友善、專業的行為表現，應該學習標準話術、同理心和溝通的課程。但是這種分析方式對員工核心能力的培養產生了以下問題：

1. 無法滿足策略計畫和新的客戶要求

員工工作職務檔案的內容都是對工作的大致描述，更新速度趕不上策略計畫的變動，也無法預測滿足客戶新的要求時，需要哪些跨單位進行合作，產生新的工作內容。

2. 無法滿足產生更大工作績效的需求

現在的企業對於員工完成任務的標準比以前的企業高，甚至因爲當責觀念下，把工作細節做好只是必要的品質要求，眞正顯現能力差異的地方是在處理問題和改善做事方法的時候。培訓單位對員工專家職能的分析結果只是滿足標準操作規範所列出的行爲能力，無法期望有額外令人驚豔的表現。

3. 規畫的人員缺乏客觀的資訊來驗證分析的正確性

分析培訓需求的人員有的是根據前人寫的員工職務內容，有的是由主管決定或是詢問員工的喜好。這些資訊所設計的員工核心能力培訓課程是否正確有效，規畫人員無從得知，也不會進行修正。

專案人員覺得職能分析的方法有助於安排新人訓練課程符合上崗要求，但是對於提升工作績效，與執行策略計畫有關的核心能力，顯然不適合比照上崗訓練的想法，仍透過職務內容分析的方式來規畫。

3.3 用「問題導向」來分析員工需要的核心能力

專案人員把根據「職務內容」分析出來的課程都歸爲基礎職能課程，跟核心能力相關的專家職能課程，用「問題導向」的方法來分析。問題導向的分析方法就是針對員工在應對公司策略所展開的方針管理以及日常管理任務中，可能或已經遭遇過的問題，處理或改善時所需要的能力。

例如某財會單位人員，職務內容本來都是財會辦公室內的工作，但是因爲財會副總經理推行主動服務客戶的做法，將財會人員派到各廠處長辦公室就近服務，輔導各單位具備財會知識，在費用產生之前就做好有利公司財會或稅務制度的工作。依照以往根據職務內容進行「職能分析」的做法，不會發覺有什麼能力上的變動；但是若根據問題導向的分析方法，就會發現該財會人員反而需要具備該廠處單位的一些專業知識，以及溝通、分析問題的能力，才有辦法設身處地的幫廠處人員想出既符合他們的需求，又符合財會利益的解決方案。

TQM專案人員發覺**分析員工可能遇到的問題，或解決現有的問題所需要的能力，是目前最貼近核心能力實務應用的做法**。當解決問題的方法標準化後，許多新工作內容就會補充到職務說明書上，部分分析出來的能力又會變成「基礎職能」，部分的能力就成爲「專家職能」。例如該財會人員的職務內容就會增加「顧問輔導」這個工作，「專家職能」的部分會增加「問題分析」和「決策評估」的能力。

所以專案人員分析員工需要的核心能力時，是先和主管一起列出員工在解決問題過程中可能會遇到的問題，然後討論各種成果標準下需要的能力。例如只是反應式的處理完問題，或是有更優秀的表現。這些成果的標準可以參考以往員工的表現，因爲系統性的培訓目的，就是要快速地讓新人在處理問題時，不僅具備「基礎職能」，在各種觀念態度、知識技能等核心能力的應用也與資深員工沒有差別，這種不被人員差異影響的平穩工作品質才是對客戶的服務保障，也是公司的競爭力。

3.4 將核心能力的描述加上手段或工具名稱

許多媒體對於核心能力的描述都是偏向如表3-2「個人軟實力」的描述，TQM專案主張「員工核心能力」要明確地指出是「應用何種手段或工具」來呈現該能力，例如邏輯思考力要指名是

QC STORY或8D邏輯思考能力，創意力要改爲應用創意工具的創意力。這是應用品質的觀念來描述無形的能力，像描述某產品很堅固時，會用該產品在多少公斤的重物打擊或是多高距離摔落地面或折彎多少次後，仍能保持功能正常。

在員工核心能力的前面加上「應用何種手段或工具」的好處是：

1. **確保大家理解的核心能力標準和達成方法是相同的。**
2. **可以將核心能力分級，更有利於培訓課程的安排和員工能力的盤點統計。**
3. **鼓勵員工將核心能力應用在處理問題的過程上，對公司有眞正的貢獻。**

例如一個員工很有創意力，可能表現在許多事情上有令人意想不到的點子，這些點子多數來自於靈光一閃，或是來自某種創意工具的應用。個人靈光一閃的能力很難彼此比較，也無法複製培訓，但是創意工具的應用可以透過平行展開或培訓，擴展到其他單位和個人身上。所以鼓勵員工將靈光一閃的內容轉換成是某種創意工具的應用，可以讓員工的創意力變得可以複製和衡量。

表3-2：個人軟實力的內容說明

能力名稱	說明
學習力	取得知識並能加以說明，提出運用知識的方法。
表達力	把自己的思想、情感、想法和意圖等，用語言、文字、圖形、表情和動作等清晰明確地表達出來，並善於讓他人理解、體會和掌握。
溝通協調力	能與人互動交流，將原先各自不同的意見，整合產生一致的共識。
團隊合作力	克服自我中心，以整個團隊的利益爲首要，貢獻資源和才智，積極達成團隊目標的行爲。
數據力	知道收集何種數據、分析數據以獲得科學化的資訊。
領導力、問題解析力、工具力……	

3.5 多數企業應該發展的7種員工核心能力

TQM專案根據主管列出的問題庫以及公司的策略發展，選擇了以下核心能力，成爲當時工程師必備的核心能力。後來我在輔導企業時，覺得這七種核心能力仍然適合現在企業員工的需要。

圖3-1：員工能力的提升

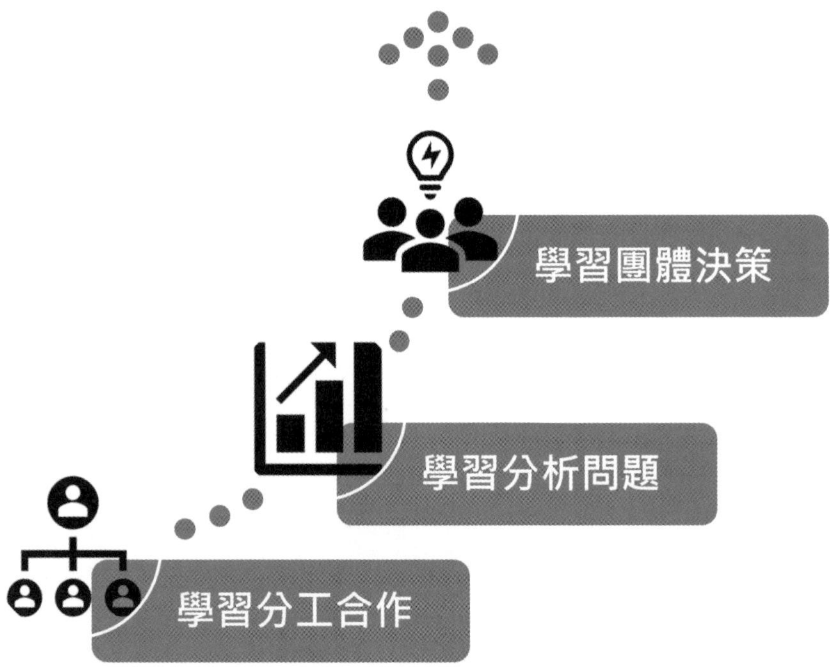

1. QC STORY或8D邏輯思考能力

「邏輯思考」是溝通和解決問題所需要的重要能力，被列爲職場核心能力的首位。例如主管希望員工最短的時間了解情況，把工作溝通清楚，提出主張後，可以運用相應的證據來證明自己的觀點。而QC STORY或8D步驟，是透過蒐集數據，提出假設，建立因果關係，審慎思考各種細節，找出解決方法的邏輯思考過程，就是一種邏輯思考能力的展現。

因爲邏輯思考能力可以從解決問題過程中培養，而提升的能力又有利於問題的解決，所以職場上「問題分析與解決」課程愈來愈受到重視，而培訓效果以透過實際問題來練習最佳，純粹課堂聽講效果最差。

2. PDCA自主管理的能力

熟悉PDCA（Plan－Do－Check－Act的簡稱）管理循環是掌握自主管理完成任務的重要能力。自主管理是指通過員工的自我約束、自我控制、自我發現問題、自我分析問題、自我解決問題，以變被動管理爲主動的管理。

資淺人員在工作上要加強的是做事之前要有計畫（PLAN）的習慣，把要做的事先想清楚想齊全，不要冒失的進行。資深人員要加強的是計畫執行後要有檢查（CHECK）效果和副作用的習慣，避免爲了提升自己單位績效而實施的措施，卻以犧牲整體組織績效爲代價。

員工若能在工作中充分運用PDCA管理循環，不僅能使想法具體化，使計畫更爲務實、更縝密，而且也能自我管理執行情況，知道定期回報哪些資訊，減少主管需頻繁督導的管理負擔。

3. 應用5W2H的表達力

把主管命令與同仁的交辦任務問清楚，是員工執行任務前最重要的事，也就是問清楚了才動手，而5W2H法是描述問題和釐清任務的有效工具。許多任務失敗是因爲彼此的認知錯誤，交辦方覺得講得很清楚，但是執行方其實很模糊，最好的方法，就是重複確認，以確保雙方的訊息正確。

使用5W2H（Who、What、When、Why、Where、How many／much、How）幾個問項時，不用依照順序，也不必全部使用，但是愈多愈好。例如：老闆說「安排時間，大家開會一下」，員工可以更明確的問：

（1）Who：哪些人應該出席？

（2）Why：召開本次會議的原因是？

（3）What：討論哪些議題？

（4）When：會議合適的是星期幾？上午？下午？開會時間多久？

（5）How many／much：需要準備什麼物品資料嗎？

（6）Where：會議的場地希望在哪裡？（例如需要靠近工作現場嗎？）

（7）How：進行會議的方式？（例如有些人可以視訊嗎？）

員工可以當場詢問也可以在接受命令後，先自己用5W2H法擬出草稿，然後給任務交辦方更改，釐清對方的指令內容。

4. 專案管理的計畫力

計畫力是員工承接「完整任務」所必需的能力。專案管理的許多重要知識和工具有助於提升計畫力，企業可以讓員工從小型的專案開始練習計畫力，例如安排部門聚餐。專案中可以學習以下重點：

（1）工作分解和時間安排

工作分解是將自己（或團隊）工作時間做有效運用的重要工具。員工將工作分成細項，依執行步驟建立甘特圖，確定任務階段目標與任務完成的衡量指標後，在規定的任務時間內排定優先順序，以最有效率的方式達成目標。

（2）釐清利害關係人的職責權利

執行任務前要釐清跟任務相關的利害關係人名單，以便溝通計畫的執行情況。

（3）醒目的進度追蹤記錄

PDCA表格和甘特圖的應用讓任務的狀況一目瞭然，執行人要依甘特圖進度主動更新表格內容，並向主管報告情況。

（4）彈性調整安排

當任務無法依照計畫時間達成時，除了排除障礙外，彈性調整各任務的時間，以達成最後目標。

（5）借力使力整合資源

執行任務時必須清楚有多少資源可以運用，以及資源不足時該如何拓展。透過與權責單位溝通安排，盡量整合現有資源，利用其原有工作安排，減少造成的干擾和增加工作負擔。

（6）創造共贏的利益

執行任務時不能只單方的希望別人提供幫助，也要替對方想想可以得到什麼利益。要感謝過程中提供協助的同仁，讓提供協助的人員得到績效上的實質好處。

5. 應用品管工具的數據分析力

數據分析力是員工從勞力工作者轉變成腦力工作者必備的基礎。過程大致分爲①確認數據需求，②定義與了解指標，③數據收集與規畫，④數據整理與處理，⑤數據驗證與最後產出可視化，⑥數據洞察與下一步行動方案或策略。

熟練品管工具的使用是提升此能力最快最低成本的方法，查檢表和問卷的設計是最基礎的能力。企業透過要求員工在各種周、月報或是事件通報單上，儘量用數字來取代文字描述，用品管工具來分析收集到的數據，可以快速地提升員工蒐集數據和分析數據的能力。

6. 應用創意工具的創意力

創意力是提高工作價值的重要因素。創意的產生不能只靠突然的靈感或是天馬行空的胡思亂想，最好是透過應用創意工具和團隊討論的技巧，朝某一方向、某一主題來腦力激盪，並經過討論後逐步收斂使創意成形。

創意力的養成需要長久頻繁的訓練，所以員工參加提案改善活動所產生培訓效果比單純舉辦創意課程的效果好。員工平常在提案改善中可以練習觀察的方法和各種創意工具的應用，養成舉一反三，靈活動腦的能力，並動手實踐各種改善。例如主管定期提出工作或環境上的小問題，然後徵求員工的解決方案。員工可以利用愚巧法等各種創意工具，提出改善的提案。

7. 熟悉簡報軟體和表達方式的簡報力

簡報力是把個人想法對外溝通的重要能力，也是新進人員急需提升的能力。許多人會在生產會議、周會、月會、專案會議中，需要進行書面或口頭的各種報告，簡報力的好壞常影響報告者會議後工作的多寡。

書面簡報力是透過使用辦公室軟體編排內容，使報告既美觀又扼要說明重點。要有嚴謹的邏輯架構思考，搭配良好的文字符號與圖像表達能力，將個人想法，傳達給其他人。口頭簡報力則是利用良好的口語和肢體表達能力，在公眾面前清楚的說明報告內容以及應對聽眾的詢問。

簡報力要透過練習與別人的指導來提升，所以讓員工多參加發表會，透過競賽壓力和觀摩機會，可以快速地提高員工的簡報能力。

3.6 改變員工核心能力的開課方法

「基礎職能」與「專家職能」的能力來源有非常大的不同，最明顯的差別是基礎職能的提升主要靠自己的熟練程度，專家職能的提升來自於自己或別人分享的「知識經驗」，而專家職能中的員工核心能力更是可以藉由別人的「祕訣或經驗體悟」，達到跳躍式的提升，所以員工核心能力課程的規畫方式要比基礎職能課程的規畫方式複雜。以下列出TQM專案總結的重點。

1. 核心能力課程要不斷溫故知新

因爲個人記憶力有限，對於沒有運用的知識技能會很快忘記，核心能力的課程不適合有「一次上課終身不用再上」的觀念。員工隨著年資經驗的增長，同樣的知識會有不同的感受，應該要安排員工重複的參加課程。所以培訓單位可以將課程依各種程度設計成不同等級的課程，課程的內容不用塞入目前用不著的知識，而是可以多一些資深學員分享的案例，讓課程更接近實際的應用。E-learning和外面的網路課程雖然方便，但缺乏客製化與公司實際案例的解說，所以只能當作教學輔助，無法取代老師講評或員工經驗分享和學員討論的功能，對員工核心能力的提升沒有明顯幫助。

2. 先進行問題診斷再確定需要的課程

員工核心能力多數跟解決問題密切相關，要用問題導向的方式來分析課程需求。這些問題可能是各主管目前頭痛的問題，或是未來的策略實施時員工可能會發生的問題。所以課程需求調查的初步結果應該是描述想要解決的問題，而不是直接的指出課程名稱。

培訓單位針對這些問題，邀請內部人員或外部顧問來進行問題診斷，分析是個人問題或制度流程或管理文化問題，是觀念或紀律問題或是知識技能問題等類別，然後拆解解決問題過程中需要的能力，去比對需要的課程綱要或訓練重點，最後整理成課程名稱。

因爲問題的複雜性，常會發生許多課程的重點需要結合在一起，成爲某新課程的課綱。例如員工遇到問題很被動，推諉卸責和做事沒章法，這不是單純找當責、績效管理、目標管理或問題分析與解決等某課程能解決的事，而是需要一堂融合上述課程重點的課綱。就像治病常需要同時吃數種藥片一樣，如果每餐只吃其中一種藥片，把一餐的許多藥片分成數餐而且隔好幾天來吃，治病效果大打折扣。

3. 釐清開課的目的，進行正確的課程規畫

針對問題診斷的結果，問題的急迫性，以及企業員工的執行能力，決定對該課程效果的期望，也就是「開課的目的」。例如：僅需要了解一些重點引起學員興趣改變學員觀念，或需要詳細的知識點供學員開始採取行動，或甚至需要針對公司案例來輔導實際產生績效。

不同的目的對應的老師背景不同，就像藥妝店藥品推銷員，藥

劑師（或藥房老闆）和醫生的區別；將來的上課方式也會不同，就像夏令營，補習班，家庭教師的差別。上述三種老師的課程名稱和課綱可能都一樣，但是傳授的知識點程度不一樣。

培訓人員如果不清楚開課的目的，就不知道需要何種老師，更不知道尋找老師的管道。因爲不同背景的老師有各自的社交圈，而且能力跟名氣不一定有關係。例如有些老師就像家庭醫生一樣，被某些企業聘爲長期顧問，這些老師擅長融合各領域知識，處理複雜的問題，但是沒有名氣，很少被外界的人知道訊息。這種例子在美日大廠很普遍，通常是大公司的人員離職或退休後，被供應商聘請爲顧問，協助供應商提升各種能力。

所以釐淸開課的目的依此去尋找對應經驗背景的老師，並安排合適的學員，是有效進行培訓的基礎。

4. 向老師提出的上課要求要合理可行

如果用菜市場講價的觀念來跟老師討論上課內容，得到的可能是表面上的好處，實質上卻損害了公司的利益。

因爲購買的物品如果是規格品，例如像汽水那樣的物件時，不管怎麼談判，都不會把某品牌的汽水變成礦泉水，基礎職能的課程或許還能適用這種購買方式。但核心能力課程不是像基礎職能課程那樣可以淸楚檢驗效果的規格品，培訓單位可能會買到更甜卻不是原營養價値的課程內容，而且初次接觸課程的學員根本判斷不出來。

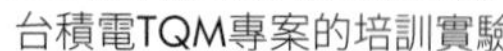

培訓人員想堅持自己心中的理想上課方式是正常的，但是重點是要提出合理的要求。所謂合理的要求是指在課程時間，學員程度及課程預算的限制下，能夠達到「開課的目的」的上課方式。

許多不合理的要求卻被顧問公司接受，常因為是雙方接洽的人員對開課目的和課程的內容都不熟悉，或把別課程的上課方式當成最佳的上課方式，一番討論後得到學員可能很喜歡但沒有預期效果的方案。類似期待用夏令營輕鬆的方式，幫程度不一的學生，考上一流大學。

以問題分析與解決的課程爲例，企業培訓人員希望看到課堂氣氛活潑熱烈，老師以工作有關的實際案例來解說，分組討論時老師要到各組間和學員們互動；討論時間不能太短以免學員還沒想好或還搞不清楚老師的指令；討論後要各組報告，以免學員抱怨沒有聽到別人的想法；報告時老師要點評，讓學員知道優缺點；課後老師要寫觀察報告，描述對學員的觀察。看似完美的課程進行方式，卻忽略開課目的是要吸引同仁對問題解析邏輯有興趣，或是想了解相關知識工具，或是想應用到工作上解決問題。

不同的開課目的需要的時間和老師的關注方向都不同。原本四十小時或廿四小時的課程被縮減爲八小時或十六小時，卻仍用這樣的方式進行，可以達到吸引同仁對問題解析邏輯有興趣，但不能期望有提升學員能力。因爲有太多的內容重點被取消來換取這樣互動的時間，有限的知識反而讓學員在實際應用時處處受限，如果學員不會主動上網找其他未教授的知識，通常會因爲受到挫折，對問題解決步驟的功效失去信心。

培訓人員要根據「開課的目的」務實的與老師討論課程的進行方式。了解知識點的傳授和同仁的理解需要時間，老師的講課技巧再好，也不是魔法師可以改變學習的過程。如果課程時間足夠，老師可以讓學員腦力激盪、互相啟發，類似創意發想的上課方式，甚至可以安排一些遊戲來帶動氣氛。如果時間不夠，就要有取捨。在有限的時間內，決定要講多少重點，是要用衝刺班的形式或是夏令營的形式，是解說知識點重要或是讓學員輕鬆上課重要。

5. 縮小教學技巧對於課程的影響

培訓人員如果抱著課堂氣氛靠老師教學技巧達成的想法，難免會對老師有許多的要求，增加找到合適老師的困難。尤其是核心能力的課程，重要的是老師在處理某些問題時的「祕訣或經驗體悟」，跟基礎職能課程的老師要把內容深入淺出講清楚的要求不同。

例如一些專業人才如果沒有想把講課當成主業，不會想去精進教學技巧；他們常常是有豐富的處理問題經驗，對一些知識工具的應用有獨特見解，且收費低，又容易配合時間來講課的老師。這些人是退休後爲了尋求自我價值的實現來教學，很難適應要去求著別人來聽他寶貴經驗的感覺。

張忠謀董事長在交通大學授課時，就舉出「聽課的學生應該比講課老師更累」的例子，表示課堂上除了老師要做好「發訊者」的功能外，學員也要全神貫注地聆聽，虛心的學習，扮演好「收訊者」的角色。

張董事長不是靠講課維生，他從有心傳遞核心能力知識經驗的專業人士立場來看師生互動，點出了現在上課方式的奇怪現象。教學方式的改革原本是爲了改變塡鴨式教法缺乏吸引力的缺點，結果卻讓老師努力讓學習變輕鬆，寧可犧牲傳授的知識量，也不敢給學生有學習的壓力，上課的形式愈來愈往綜藝娛樂化發展。

培訓市場因爲競爭激烈，會開發許多寓教於樂的教學技巧，吸引學員上課的興趣，帶動學習氣氛。培訓人員要考慮上課目的、課程預算和這些教學技巧需要的時間，做出適當的選擇。TQM專案人員覺得企業培訓的學員都不再是小學生了，靠引起學員興趣來學習的模式，不適合職場的員工。進入職場後，就是要體認再不喜歡的工作，也要準時認眞做完；再枯燥無趣的課程，也要用心的學習；面對古板無趣的師傅，也要想辦法挖出他的絕學。參加培訓不再是輕鬆的事情，而是視同上班，甚至比上班更嚴謹更要遵守紀律。

所以培訓人員要主動消除對課堂氣氛不好的因素，做到即使只是聽錄音帶上課，也可以有好的學習氣氛。例如課堂人數的掌控、人員學習能力的分班分組、課前作業的安排、課堂秩序的維持、提醒學員學習成果的驗收方法、在課程進行中提醒老師注意被忽略的學員、即時反應需要修改的上課方式或剩餘的課程時間等，不是等到課後再轉述學員的意見。

6. 調整課程評鑑的方式，不要把培訓當成服務業

曾有台積電同仁問爲什麼參加TQM專案舉辦的核心能力課程都沒有塡寫課程滿意度調查表。TQM專案人員的解釋是，在這種企業內訓傳授知識的關係中，學員不是老師的客戶，培訓單位或是學員的主管才是老師的客戶。跟學員有客戶服務關係的是培訓單位，學員對培訓單位服務的改善意見，都可以直接投入教室門口的意見箱內。

另外，既然邀請名人或董事長來講座時，不會讓學員塡寫滿意度調查，那麼爲何對老師就要進行滿意度調查呢？試想，把傳道授業解惑的工作變成服務業的模式，授課老師心裡的感覺如何？成就感的來源是什麼？他會願意多講一些經驗體悟嗎？

課程評鑑的目的是爲了增加課程的效果，重點是內容結構和進行方式。至於未來是否續聘，主要是考量老師授課效果是否符合開課的目的，對公司帶來的實際好處。例如，TQM專案曾聘請過某位老師，雖然上課方式讓學員昏昏欲睡，但是其豐富的經驗，可以回答學員的提問。中間邀請過其他上課幽默風趣的老師，雖然上課氣氛熱烈，但是無法回答學員問題。所以是要考量多數學員的反應或是少數會提問問題的學員反應？TQM專案最後是根據開課的目

的選擇繼續與原老師保持多年合作，並且通過內部講師或資深學員擔任助教，在純講授式的上課方式中，增加小組討論案例的機會。

評鑑人員的安排，原則是讓有認眞聽講甚至有相關專業的人才有資格提出意見。TQM專案安排由「專業」的跟課人員（例如內部講師）或指定的學員（例如主管指定）來進行課程評鑑。其他學員的意見可以跟這些人員反映，而不是參與評分。評鑑人員在了解開課目的、課程特性、學員背景與全程參與課程進行的情況下，可以比一般的學員提出較客觀的意見。

如果培訓單位仍要開放給所有學員塡寫問卷，至少要有欄位讓學員寫出他從課程學習了什麼？如果寫不出學習的成果，卻提出對老師的讚許或是批評，這都偏向個人感情性的反應。培訓人員對蒐集到的意見，應該先透過歸納整理，做出是否要通知老師修改課程的結論。不能想要討好所有學員，或是聽風就是雨的把學員意見直接丟給老師去決定，造成即使平均滿意度分數很高，卻仍讓少數學員意見可以影響課程進行的不合理現象。

7. 改變員工對學習機會的態度，珍惜培訓的資源

企業裡不少學員把上課當成福利，就是一種「不能沒有，但是得到了可以不珍惜」的觀念，所以採取的是被動的學習。培訓單位也是受限於「上課完成率」或其它的指標，懇求員工來上課，並寄望老師可以藉由講課技巧引起學員興趣。這是因爲相關制度配合不

佳，讓學習機會變成可以隨意浪費的資源。

企業如果想要解決員工某些問題，其實不用讓所有員工都來聽講，因爲宣導的方式課後效果不大；建議可以選擇某些種子人員，一起和有實務經驗的老師研究對應的方法，培養種子人員成爲內部講師後，用公司的案例設計內部講義分別進行輔導改善，會得到明顯的改變效果。

企業不必追求「上課完成率」，事實上，除了某些課程是法令規定必須有上課紀錄，核心能力的課程根本不用去追求「上課完成率」這種表面的數據。寧可集中資源教會幾個認眞有潛力的員工當種子人員或內部講師，也不用花大錢把知識硬塞給沒有興趣學習的員工。

企業要靠制度將學習機會變成寶貴的資源，建立學員主動學習的習慣。例如把核心課程列入必修課程，而且每年名額有限，未接受課程或是成績不好都影響到未來升遷。

8. 建立學員主動和互助學習的習慣，提高課程效果

許多老師會在上課過程中，配合最低程度的學員來調低知識點的深度和教授速度。寧可讓一些學員覺得內容太淺，也不要因爲學員聽不懂，愈發煩躁，在滿意度調查表上給予差評。

尤其核心能力的課程，多數缺乏有形實物來解說驗證，不像機器操作那樣容易理解，所以聽得懂課程的人，會聯想如何應用在自己工作上，聽不懂課程的人，會埋怨老師沒有講到實際應用，沒有解答他心中的疑惑，但自己也說不出他遇到的問題是什麼。所以老師通常會只講基礎的知識點，然後一一去確認這個知識點能否被學員接受，這種類似木桶效應的現象其實是拉低課程的投資報酬率。

培訓人員要透過課前要求學員準備問題，或是課堂中安排學員主動發問帶動討論的氣氛，不要讓老師的課程知識點愈教愈淺。同時爲了避免學習慢或不愛學習的學員影響授課的內容，可以在課堂上安排互助學習的功能，跟課人員在課堂上關注學員學習情況，私下詢問理解程度，主動安排學習較佳的學員利用時間來幫忙解說，除非跟不上進度的學員占多數，才去跟老師反應調整課程進度。

對於課堂學習效果不佳的學員，可以安排先離開課堂另外補課或安排較低程度的課程，由學習較佳的學員輔導或內部講師教授較淺知識點的課程。

3.7 設計培養團隊解決問題能力的培訓方式

台積電員工核心能力的要求都是繞著團隊協作和解決問題兩個主軸發展。TQM專案發現透過改良原有的開課方式後可以快速的提升個人的問題解決能力，但許多新進員工回到崗位上卻無法透過團體合作解決問題。一些團隊任務往往是一兩人的意見主導了解決問題的全部工作，其他組員並沒有發揮團隊的功效。

從新進員工的背景分析也發現，團隊協作能力強的員工，通常是有社團經驗或是其他某種帶隊經驗，習慣處理不同的意見和利益，讓團隊完成任務。但是對於缺乏團隊協作能力的員工，即使上過團隊構建、高效能團隊等課程，也只是可以講出一套套團隊理論，卻仍然是無法在團隊中有成功的表現。

這些發現顯示**公司需要的員工核心能力是包含了整合團體的能力和解決問題的能力，不能分開成兩個能力來訓練**，與培養個人解決問題的能力不同。而且訓練時要用實際的案例來練習，才能顯示團隊中的利益衝突，使團隊成員得到眞實的訓練。

團隊協作的能力訓練以往是由單位主管主導，培訓單位僅提供員工相關的知識。單位主管讓員工加入主管帶領的任務團隊，或派往參加某資深員工領導的團隊，讓員工體會團隊協作的方式。專案人員發現這些方式對提升員工的團隊協作能力效果很緩慢，許多資深員工參加過很多專案，仍然不具備團隊協作的能力。

舉例來說，一群綿羊被獅子領導後，雖然團體能力會變強，但是換了綿羊來領導後，就會發現綿羊依舊是綿羊，綿羊的團體協作能力並沒有增加。團體協作能力要培養的是如何把一群綿羊變成獅子，或是把一群老虎放在同一個團隊，從一山不容二虎，變成可以輪流做主的團隊協作。

專案人員取經其他企業的經驗，發現**養成團體協作能力的重要祕訣是：**

1. 用團隊報名的方式參加課程，而且**要有透過培訓完成某任務的壓力；**
2. 團隊成員間不能有引起威權領導的階級關係，**成員間最好都是平輩；**
3. **處理問題的過程有一定的程序規範**，成爲各個階段小目標，避免團隊意見無法統一而歧路亡羊；
4. **要採用合適的教學方法**，靠專業人員計畫性的安排和引導才能有效率的培養。

3.8 採用問題導向學習（Problem-Based Learning）

TQM專案發現如果要提升團隊合作能力，課程的進行不能只是在課堂上安排分組討論，最重要的是在教學方式上進行改良。專案人員參考國外最新的學習理論——問題導向學習法（PBL），與各課程的老師討論如何應用這個學習理論，設計新的教學方式，也就是授課的方式和講師的功能都要跟隨改變。

問題導向學習法是醫學博士Howard S. Barrows，1980年在加拿大安大略省所推行的學習法，起初是爲了培訓醫學院學生而設計。因爲醫療的實際過程中，醫學院的學生若單憑記憶背誦的知識，無法在醫療現場中做出正確的判斷，所以此教學法是爲了解決此問題而設計，因爲效果顯著，成爲國外著名的一種學習方式。

問題導向學習法的課程設計與教學模式，是利用眞實的問題來引發學習者討論，學習者須在課前準備問題，並在課前對問題目標有所了解。藉由小組的架構培養學習者的思考、討論、批判與問題解決能力，有效提昇學習者自主學習的動機，並進行目標問題的知識建構、分享與整合。

問題導向學習法可以讓學習者主動進行跨學科領域的做中學，教學者的角色轉變爲引導者或提供建議的輔助者，因此學習者知識的學習及能力的培養並非直接來自於教學者，而是發生在學習者參與一連串眞實問題，主動尋求知識解決問題所習得的經驗中。

台積電工程師面臨的工作挑戰就跟醫生一樣，同樣都是在有限的時間內，要對稀奇古怪的問題，找到有效的解決方案。傳統的培訓方法是找老師來講解別家公司的案例，學員只是靠聽課來汲取老師的經驗，這種學習效果並不好。企業現在面對的問題，都是不斷的翻新變化跟以前的不同，所以問題導向學習法讓學員學習如何小組討論去找到答案並利用團隊分工解決問題，才能具備處理各種複雜問題的能力。

3.9 學習飛利浦的八方工作會議（Octogan）精神

專案人員也發現如果沒有規範各個小組的運作方式和完成任務的步驟，小組成員在經過一段時間的混亂後，雖然最後仍會在一兩人的強勢主導下完成任務，但是小組成員仍然沒有學習到團隊合作的重點。

專案人員參考飛利浦集團人才培訓發展計畫中的「八方工作會議，Octogan」精神，在專案人員的引導下建立團隊活動規則，在團隊目標、運作流程、參與的承諾、溝通的方法、信任的要件上建立共識，然後**遵循處理問題的步驟，一步步達成階段目標，養成自主管理團隊協作的能力**。

八方工作會議（Octogan）是飛利浦集團相當特別的人才發展計畫，主要是做爲資深主管培育的搖籃。由不同工作領域或廠區的八人組成一個團隊，接受額外工作的指派，經由外聘顧問和高層主管的指導，以及培訓單位派人全程列席提供協助，在工作時間之外進行聚會討論，六個月內，完成指派的任務，並進行公開報告。

「八方工作會議」中透過任務磨練團隊協作能力的培訓方式，使個人和團隊獲得的成長，受到台積電許多高層主管的認同。專案人員從中汲取了五個重要精神：

1. 培訓的目的是在培養管理人員的核心能力，不是爲了解決重要問題；
2. 團隊由沒有上下級隸屬關係的人員組成，人數在八人以內；
3. 工作的任務不是個人崗位上的工作，是跨部門跨領域的工作；
4. 有專業人士指導處理問題的方法和主管應有的觀念和對應行爲；
5. 活動過程受到密切的觀察，記錄每個人的成長情況。

這五個精神各自有其背後的理論和含意，例如成員間沒有上下級關係，甚至來自不同工作領域和廠區，這樣的安排可以讓成員充分展現自我，不用擔心在小組中的言行得罪了主管或是同工作場所的其他主管。所以學習「八方工作會議」的精神，選擇合適的圈員給予適當的任務和輔導，是培養團隊合作核心能力的有效做法。

3.10 選擇品管圈當成團隊培訓和檢視績效的平台

TQM專案主張由培訓單位代替單位主管負責提昇員工團隊協作解決問題的能力，保證員工自己能因應情況組成團隊，自主做好團隊的管理；這個保證對企業需要在客戶端隨時組成跨單位小組服務客戶的情況非常有幫助。

在規畫培訓方式時，專案人員並沒有在公司內直接成立「八方工作會議」同樣的活動，而是選擇活動方法非常相似的「品管圈」做為此團隊學習的實驗場地，也是所有負責提升員工能力的執行單位檢視培訓績效的共同平台。

選擇品管圈的原因除了是符合團隊解決問題的特性外，還包括：

1. 利用現有資源借力使力

各單位在導入各種觀念時，應儘量利用公司現有的活動，或是在業界已經成熟的活動，來融入擴充新的精神功能，產生更好的功效；避免公司活動太多，員工疲於奔命，活動間爭奪資源，最後兩敗俱傷。所以專案人員不想爲了培訓，又另起爐灶成立某某活動，實質卻是與品管圈相同性質的團隊協作問題解決活動。

2. 品管圈有理論基礎和證據證明活動效果

品管圈（QCC）活動或稱團結圈（QIT）活動起源於日本，在台灣企業間廣爲流傳，台灣和世界其他地方都有定期的競賽，是企業持續提升績效的重要活動。品管圈主要目的是鼓勵員工組成團隊來進行工作上的改善，從而感受到自我實現工作價值的成就感。圈員是由周圍六到八名的工作夥伴組成，解決一些基層人員常困擾的問題，用溫馨的進行方式，在提高圈員向心力的同時也減少了工作錯誤的發生。

與其他種問題解決團隊相比，品管圈成員因爲遵循成熟的問題解決步驟和工具，不僅能清楚的監督解決問題的過程，而且也達成了圈員應用品管工具，以客觀事實爲依據，團隊參與激發創意的學習成果。網路上品管圈成功的案例和理論基礎可以說是最多也最容易取得。

品管圈採用的問題解決步驟稱爲QC STORY，包含步驟1.主題選定，步驟2.活動計畫擬定，步驟3.現狀把握，步驟4.目標設定，步驟5.解析，步驟6.對策擬定，步驟7.對策實施及檢討，步驟8.效果確認，步驟9.標準化，步驟10.檢討及改進。

近十餘年來，隨著汽車業所另外發展的8D問題解決步驟成爲製造業處理產品異常和回復客訴的流程，許多製造業品管圈也改採用8D問題解決步驟。兩種問題解決步驟精神相同，差別只是8D步驟多了應對突發狀況發生時，圈員應該如何採取暫時防堵措施，減少客戶損失的方法。

品管圈除了採用解決問題的改善步驟，稱爲「問題解決型」品管圈外，也有採用企劃新方案的步驟，稱爲「課題達成型」品管圈，兩者對企業改善和圈員成長都有明顯的效果。

3.11 提高培訓人員的專業能力確保培訓投資報酬率

核心能力課程五花八門各自宣稱其重要性，講師的費用也較基礎職能課程高，但成效的驗證卻不如基礎職能課程清楚。例如上完溝通力的課程後，主管很難驗證部屬的溝通力是否提高。所以企業經營者明知道員工核心能力跟企業競爭力密切相關，但是在核心能力課程上的投資，基本沒有能看到培訓成效的奢望。

看不到培訓成效的現象不是無法改變的，經營者如果能認知到培訓人員專業性的重要，了解規畫核心能力課程的難度比基礎職能課程高很多，因而開始重視培訓人員的專業能力，將來核心能力的課程投資，也是可以看到投資報酬率。

目前許多企業都有正式的培訓單位，但是觀察其人員資格，卻又感受不到對專業性的要求。尤其網路課程和E-learning課程普及後，負責培訓的人員常變成由行政助理兼任。這是因爲企業經營者缺乏對培訓人員功能的深度認識。

企業經營者要理解，面對現在資訊爆炸的時代，**對公司有用的知識，不能再只依靠主管自己看書來教導員工，要仰賴專業的人員有效率地篩選、引進、管理這些知識**，而這些專業人員就是培訓單位人員，由他們來負責引進知識，提升員工的素養。

核心能力課程相關的企業問題需要有內部專家進行診斷，釐清課程名稱和開課目的，**培訓人員的專業性決定了開的課程對不對，培訓的錢花得值不值得**。就像老百姓去買藥看病一樣，如果病人沒有能力研究自己病情，純粹相信廣告和親友介紹，治療過程中又容易受親屬意見影響，要求醫生配合更改藥方，治療的效果可想而知；而且過程中又有多少藥房老闆或醫生會冒著觸怒客戶的風險來勸阻呢？所以當經營者覺得培訓無效，課程滿意度跟實際效果無關，不願意把錢花在培訓上，卻又頭痛公司問題需要解決時，癥結點就在於負責培訓的人員專業性不高，應該先投資提高培訓人員的能力。

台積電爲了將TQM專案的培訓實驗成果擴大實施範圍，在TQM專案內成立培訓課。培訓課人員把自己定位成公司的知識窗口，除了以雙周刊的方式，出版TQM NEWS介紹各種管理知識外，也加入世界性的標竿管理協會，蒐集各種管理觀念和大廠的管理案例。TQM培訓課人員需先參加許多內外部課程，閱讀大量的管理書籍，自我要求需比同仁更早、更深入的了解外界的各種知識，滿足同仁，尤其是高階主管的隨時諮詢。例如筆者就常在餐廳被行政副總詢問人資管理的問題，許多廠處主管，尤其是即將到新廠赴任的主管，常到TQM專案詢問如何挑選和安排部屬的必修課程。

具備專業知識的培訓人員在選擇老師時，更能精準的表達開課目的，與老師進行專業的溝通。當學員或主管對課程提出意見時，也能客觀的判斷需不需要和老師討論修改課程的進行方式，不會讓課程回饋的機制變成了對老師專業的干擾。

台積電聘請清華大學工業工程學系的方友平博士來負責TQM專案培訓課的工作，並補充了臺灣大學的商學院碩士爲助手。方博士提出培訓工作的關鍵成功要素是：

（1）要有專案負責的內部講師；

（2）要將課程內化成可以直接使用的套裝表格；

（3）要強調訓練有效性，結合一些發表會（Workshop），加速課程的實務運用；

（4）教育主管，讓主管認同支持是要務；

（5）要讓各課程的內部講師保持高度持續的熱情。

這些主張需要高素質的培訓人員負責執行，使培訓課程的效果看得見，讓各單位主管願意在應接不暇的生產任務中，仍堅持要求部屬抽出時間參加培訓。

當時台積電培訓人員的錄取標準不僅高於其他廠處技術人員，甚至比當時的研發單位人員還要嚴格。培訓經費也非常充裕，可以支持將課程時間延長，請顧問帶著種子人員實做個案，讓核心能力的知識與實際情況結合。

現在回顧當時人資部主管同意TQM專案用高標準的條件和待遇來招聘培訓人員，無疑是一項投資報酬率非常高的決策。爲公司建立的培訓基礎，培養的人才以及建立的企業文化，現在都已經成爲公司重要的競爭力。

第 4 章
學習導向品管圈提升員工核心能力

4.1 不同的活動方式對員工核心能力影響不同
4.2 正視品管圈活動遇到的問題
4.3 將品管圈分成任務導向和學習導向
4.4 由主管選派人員參加學習導向品管圈課程
4.5 從提升員工能力的觀點來選擇主題
4.6 明確輔導員的權責與職涯發展
4.7 設計員工應有的行爲與知識
4.8 規畫輔導手冊確保輔導品質
4.9 整合相關課程的實施
4.10 重視圈員活動聯絡簿的紀錄
4.11 學習導向品管圈的功效

TQM專案選擇「品管圈」做為團隊學習和檢視成果的場地，雖然有前一章所列的好處，但是也要面對多數主管對品管圈活動效果的質疑。因為各企業在品管圈運作方法上的差異，品管圈活動目的與最初的傳承不同，產生的效果也不同。對於品管圈的好處，企業的主管出現了信者恆信，不信者恆不信的現象。

台積電品管圈活動中解決問題的有形成果是各級主管認可該活動的原因，TQM專案尊重他們的觀點，主張把品管圈分成兩種，一種仍以完成任務有形成果為主，一種以改良後的品管圈做法，培養員工能力無形成果為主。

4.1 不同的活動方式對員工核心能力影響不同

台積電在公司成立的初期就開始導入品管圈，提案改善和6S等持續改善活動。在解決客戶稽核所列出的各種缺失，以及生產、服務各種問題時，常由主管帶隊組成品管圈，利用科學的問題解決步驟和工具，一一的克服各種困難。

1990年由品管單位（QA）主持成立品管圈推行委員會，在各單位推行品管圈活動，並在各廠處舉辦發表會。這些參與活動的單位主管爲了達成規定的圈數指標，又想在發表會中獲勝，單位中的品管圈會有由菁英強棒組成，主管擔任輔導員，解決上級重要任務的菁英品管圈，以及由資淺員工組成，自己找改善題目，接受推行委員會輔導員輔導的普通品管圈。

TQM專案人員選定品管圈爲員工核心能力的訓練場所後，對過往的品管圈圈員進行能力發展情況的調查。發現以完成上級任務爲主，而且在發表會中獲勝的菁英品管圈，這些圈員的核心能力在計畫力，數據分析和簡報力比較突出；而未參加競賽，由輔導員輔導的普通品管圈，圈員的核心能力在問題解決邏輯，團隊合作和溝通力上比較突出。在知識管理系統的貢獻上，菁英品管圈撰寫的標準化文件以及提供的知識點明顯少於普通品管圈圈員的貢獻。

專案人員進一步調查後，菁英品管圈因為聚焦在任務的有形成果績效，所以常未遵循品管圈的活動步驟和圈會規定，多數是由一兩個圈員衝刺突破各種問題後，再由其他圈員補足活動需要的各種紀錄。反而普通品管圈在輔導員輔導下，紮實的完成各個解決問題的步驟，也學會相應的品管工具，雖然有形成果不高，但真正的學習了問題解決步驟和團隊合作的精髓。觀察這些人的職涯發展，發現菁英品管圈的少數人因為解決重大問題立下了功勞在原單位升遷較快，而普通品管圈的多數圈員因為變成圈長或輔導員，後來帶領各種流程的改善，成了公司核心能力最厚實的中基層主管。

專案人員的這個調查發現，**依品管圈的步驟和圈會規定進行的品管圈，獲得的無形成果才是員工核心能力的來源和公司知識累積的保障**。

4.2 正視品管圈活動遇到的問題

品管圈活動原本具備了促進員工關係，學習新知識，強化溝通協調以及改善品質的目的，但1996年時**品管圈活動在公司只當成解決重要問題的一種專案活動，只關注結果不注重活動過程**。發表會的評審重心放在問題解決方法各步驟的邏輯性，工具手法的應用和改善效益上，沒有提及如何產生員工自我學習、自我管理、提升員工能力等無形成果的規畫步驟。

偏重有形成果的發展方向讓品管圈與培養員工能力的目的愈離愈遠，導致品管圈推行委員會只關注舉辦發表會競賽來凸顯菁英品管圈團隊的改善效益，愈來愈不重視普通員工的品管圈活動和輔導員的培養，甚至因爲輔導員的缺乏，讓輔導員的功能只剩下講課，在活動開始時介紹完知識和工具後就少見蹤影。主管對於普通品管圈也只關注圈數指標的完成情況，對於圈員的互動和能力的發展毫無所悉，普通品管圈的圈會愈來愈形式化，最後也變成把完成的任務再花時間套入品管圈的步驟格式，如果不是有圈數指標的壓力，很少人有意願花時間參加普通品管圈。

當時公司內的主管普遍不會把品管圈和提升員工能力聯想在一起，員工核心能力的提升仍然仰賴培訓單位的開課來達成。TQM專案針對品管圈活動的優缺點分析討論後，根據想要達成團隊學習的效果，進行了一些改良，以確保能眞正的提升員工能力。

4.3 將品管圈分成任務導向和學習導向

爲了減少對品管圈推行委員會的衝擊，TQM專案主張把品管圈分成兩種，區分的方法是將嚴重性、重要性、緊急性、影響層面（或擴散性）較高的主題歸入任務導向品管圈，集中精英和各單位資源來創造更大的有形成果，推行計畫是配合公司的方針管理內容；其它的主題歸入學習導向品管圈，以培養員工核心能力爲主，推行計畫是配合員工的個人發展計畫和培訓計畫內容。這個區分不僅找到團隊學習核心能力的培訓方式，也是將已經被輕忽不管，卻又不得不花人力去做的普通品管圈清楚定位其功能，不是只爲了達成單位圈數指標而成立的品管圈。

許多人以爲解決了問題自然就能幫助團隊能力成長，其實不然。對於愈是上級重視的問題，任務性愈強，圈員聚焦在完成任務，常會忽略團體的互動和成長，所以**如果要確保圈員的能力得到成長，就要在組圈的目的上明確進行區分**。將學習導向品管圈定位在培訓的功能上，對培訓單位而言，這就像一個長達數月，需要多次上課的課程，培訓指標可以是員工核心能力的分布和水準。對品管圈推行委員會而言，是把原先存在的普通品管圈明確其活動貢獻，活動指標可以是各單位具備合格員工核心能力的數量，以及培養的圈長和輔導員人數，這些人都是未來公司策略執行的支柱。

4.4 由主管選派人員參加學習導向品管圈課程

學習導向品管圈因爲定位是培訓功能，所以不能再由圈員憑興趣自行組圈，改由主管選擇人員，集體報名參加培訓單位的核心能力課程，再由TQM專案人員依後來選定的主題進行調整，協助組圈與確認圈長。

主管考量單位工作的忙碌程度，以及員工職涯規畫來指派接受此訓練的員工，納入單位的員工訓練計畫。**新進人員常被列入優先考慮，與其他部門新進人員合併組圈，儘早建立職場基礎工作能力**。資淺的員工爲了練習跨單位團隊能力，也會依工作流程的判斷與上下游單位的員工組圈。例如包含現場操作人員，工程師和一般行政人員的品管圈。

學習導向品管圈活動周期有三個月和半年兩種，新進人員參加三個月的活動梯次後，在工作崗位檢視學習績效三個月，然後再參加第二次的三個月或六個月的學習梯次；這樣的培訓安排可以讓學習效果得到驗證並計畫後續針對個人特質的培訓內容。

單位的管理績效不是靠主管的魅力和精妙的管理理論就能達成，重要的是員工的素養。學習導向品管圈聚焦發展員工素養，提升核心能力，可以讓主管的管理更省心，對新進員工的工作應對能力更加放心。所以主管一旦認同這個學習效果後，即使單位再忙，主管也不會耽誤了新進員工的培訓安排。

4.5 從提升員工能力的觀點來選擇主題

根據圈員興趣來選擇品管圈主題的做法或許有利於圈員參與意願，但不利於學習計畫的設計。學習導向品管圈的主題是由主管依據員工常需處理的問題、個人職涯規畫來指派，並依期望看到的能力成長程度，決定主題的目標值和活動周期。**爲了有足夠的主題來挑選，主管需要在日常管理中更注意部屬常遇到的困難和常見的問題**，建立改善點的題庫。例如一些不好的習慣和常常發生的錯誤等。

例如：以往員工周、月報常提及的過失或問題，品質稽核活動、6S活動所列出的缺失或是提案活動中的改善建議。

表4-1：修改品管圈活動的做法範例

主要做法	傳統品管圈	學習導向品管圈	任務導向品管圈
組圈方式	同工作現場或工作相關聯的人自發組成圈	主管依員工的發展需要指定參加	主管視任務需要指派人員
活動主題	圈員提議，圈員表決	主管從改善題庫中選擇與工作相關，但尚不緊急的題目	主管選擇與工作相關，緊急或重要的題目
活動目的	提高效率、效果和效益	提高員工團隊工作能力	達成上級交付的任務目的
員工的成長	自主發展，自我啟發	主管和輔導員擬定圈員能力提升計畫並主動引導	依個人意願自主學習

4.6 明確輔導員的權責與職涯發展

以前品管圈活動並沒有對輔導員有明確的權責規定和職涯規畫，多數輔導員的功用是指導邏輯步驟和品管工具，幫助活絡氣氛，與品管圈的成敗關係不大。輔導員的工作沒有吸引人的理想和誘因，許多輔導員本身也是抱著被抓公差、或熱心協助活動的心理，有空就出席圈會，沒空就減少參與，升任主管後，更不願意擔任輔導員工作。

輔導員是學習導向品管圈中的關鍵人物，TQM專案重新定位輔導員的功能，是傳授知識經驗的講師，是負責教導圈員正確職場行爲和職涯發展的指導者，是關懷圈員職場適應情況的夥伴，是企業各種改善專案的專家。透過本身教導或是尋找外援，例如其他講師或顧問，不僅幫舊員工進修新的能力和觀念，也要帶領新進人員透過做中學的方式，快速地成爲合格的員工。在此**新的定位下，輔導員不再是公差的工作，而是變成與培育部屬，提升單位績效相關的工作，和主管的必要責任吻合，是單位主管的好幫手，也是未來的主管人選**。

輔導員需要的能力除了熟悉問題解決方法各步驟的邏輯，相應的工具和課程知識外，也具備管理知識及觀察輔導的技巧，這些能力需要充分的訓練以及職涯的規畫，使有興趣成爲輔導員的員工能專心的發展個人能力，成爲公司的助力（詳閱第11章）。

4.7 設計員工應有的行爲與知識

學習導向品管圈的最大特色就是要求輔導員與圈員主管將員工應該具備的核心能力轉換成可以觀察或衡量的行爲標準。然後因應品管圈題目與圈員成長目標，設計每個步驟要學習的行爲、課程知識、使用的工具技巧，以及驗收成效的方法（如圖4-1），最後彙整成爲「**圈員能力提升計畫**」**的內容**。**這將成爲品管圈無形成果中如何提升員工能力的指引**。

企業每年策略展開的各項計畫中，員工須要配合的觀念，知識技能或管理能力，通常是透過宣導、上課或任務中練習，分散由許多單位各自來執行。學習導向品管圈可以將這些需求列入「圈員能力提升計畫」的內容，有系統的整合各單位聯合實施並驗證成效。

圖4-1：學習導向品管圈模型

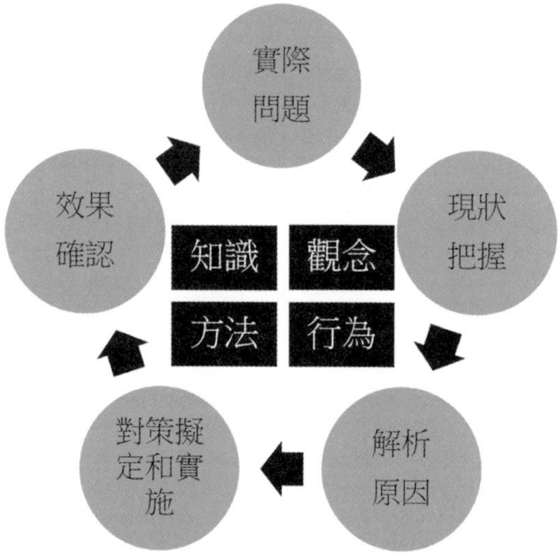

4.8 規畫輔導手冊確保輔導品質

期望落實「圈員能力提升計畫」要靠輔導員正確與嚴謹的輔導。品管圈活動的輔導員常常是在圈會上臨場發揮，缺乏事先的準備，也未將輔導經驗累積成下次輔導或別個輔導員的輔導指引。學習導向品管圈要求輔導員要像設計教學計畫一樣，預先把要傳遞的知識，輔導的重點規範和檢查要項寫成輔導手冊，記錄每次輔導的發現，以及與圈員和圈員主管互動的結論。

輔導員要將每次輔導也看成自己成長的機會，從輔導前的準備，輔導中的感觸，輔導後的檢討，**輔導手冊不僅記錄了圈員的成長，也積累輔導員的各種經驗**。

品管圈推行單位也可以蒐集各輔導員的輔導紀錄，再補充每次競賽中評審的建議，持續豐富各輔導員輔導手冊的內容，避免重複的邏輯和工具錯誤，提升公司品管圈的實力。

4.9 整合相關課程的實施

許多核心課程的開課計畫原本是獨立考量的，課程間沒有關聯，沒有先後關係。學習導向品管圈建議各課程的安排要有主軸目標，相互支援。例如配合各改善專案的主題方向、進度和圈員能力提升計畫來開課。依照每個步驟要克服的困難、要養成的行爲能力，培訓單位提供需要用到的知識技能，例如當責觀念、溝通技巧、建立有效團隊、有效的會議、創新工具等，這種用多少，學多少，及時化（JUST IN TIME）的培訓可以節省培訓資源，減少員工上課時間，也較容易讓員工熟記。

將訓練融入品管圈活動中的方式，在1978年已經由台灣品管圈先驅，先鋒企業管理發展中心創辦人鍾朝嵩教授發表論文提出，稱爲Q-PAT法（QC Circle Practical Activity Training Method）。這種品管圈輔導結合培訓的模式，在許多公司員工培訓效果上有非常好的成效。

企業的傳統開課方式是將課程零星的推給員工（Push），浪費了不少學習資源。**如果變成員工視需要來學習，開課方式將變成拉式的作業（Pull）**。在企業員工有高度的學習意願，課程知識資源充足且容易取得的情況下，拉式的作業將較爲精實有效。

4.10 重視圈員活動聯絡簿的紀錄

飛利浦公司的「八方工作會議」中由培訓單位派人全程列席觀察記錄和提供協助。學習導向品管圈雖未要求主管參加圈會，但設計圈員活動聯絡簿，當成圈員圈會筆記，並要求主管將意見記錄在聯絡簿中。除了參與活動過程的監督印證圈員的成長外，也提供輔導員與主管間彼此學習的機會。

重視活動聯絡簿的做法在許多世界大廠品管圈活動中並不少見。有的會設計成書面的聯絡簿方式，有的直接在每次圈活動報告的電子檔案中增加一頁。TQM專案請資訊單位協助開發了CIT管理系統，品管圈圈員註冊登記後，需要按活動計畫時間，準時將步驟內容上傳到系統上，並發出通知請相關主管在系統上輸入意見回復。如果對策中有創意點子的形成，也可以將執行完的創意對策連結發布到提案管理系統，快速地平行展開到其他單位或品管圈。電子系統也可以統計所有品管圈各種品管和創新工具的應用情況，對各梯次學員的能力有客觀的數據，方便進行逐步提升所有員工能力的規畫。

圈聯絡簿除了供圈員和主管聯絡外，也需要彙整到TQM專案再進一步的萃取重要意見，不斷改良品管圈輔導的水準。

4.11 學習導向品管圈的功效

TQM專案在培訓實驗結束時，總結了培訓的經驗，報告中指出學習導向品管圈對團隊協作能力的效果勝過純粹課堂的知識傳授。例如夜間值班遇到突發的事件，現場沒有主管監督的情況下，參加過學習導向品管圈培訓的圈員，通常能夠快速地推出圈長，展開跨單位的合作，迅速處理問題。

學習導向品管圈的功效是整個培訓實驗的亮點，可分爲以下幾點。

1. 可以看到行為的改變及產生的效果

學習導向品管圈是藉由一個解決問題的過程，依照不同的情境，來學習知識與技能，並得到行爲改變和績效的驗證。這是評估培訓效果時，比課堂滿意度更好的評估方法，解決了許多培訓課程「上課熱鬧，下課無效」的尷尬局面。

行爲的改變不是一朝一夕的事情，所以在三或六個月的學習期間，輔導員和主管可以充分地觀察，即時的引導和糾正，再配合其他圈員的互相示範和啟發，行爲的改變會變得有跡可循，更加清楚。

學習導向品管圈的觀念是根據情境需要而學習相應的知識，避免了知識學習後用不上，需要時已忘記的情況。可以依年資規畫不同難度的題目，重複參加品管圈活動，學習進階的知識，確保不斷複習知識技能。

實驗結果證明這種系統性的課程規畫對於新進人員效果更是明顯。例如新進人員會透過品管圈學習畫流程圖，蒐集數據的方法，這些都是新人最迫切需要的能力，此時學習一小時的效果，遠勝於未來上課數小時。

2. 培養正向挑戰問題的能力，建立持續改善的文化

新人在報到後的半年內，心情多數是戰戰兢兢，害怕失敗，愈是在乎這個工作，愈擔心自己沒把工作做好。尤其在較無法容忍錯誤的主管管理下，這個員工會把不熟悉的情況都看成是威脅，養成迴避威脅，謹慎保守的工作態度。很多主管抱怨員工遇到問題推諉卸責，想法非常負面，其實這是在新人時期就給他塑立的生存模式。

學習導向品管圈帶領圈員在各步驟設立小目標，透過完成步驟的挑戰，培養克服逆境的能力。讓圈員遇到問題或不熟悉的情況時，會看成是得到額外的績效和學習新知的機會。在工作崗位也不會因主管的管理風格或同事的嘲諷就變得畏縮消極，反而會爭取機會解決問題，轉調其他單位。

實驗結果發現，員工主動爭取任務的比例與受訓的經驗成正比。顯示受訓的經驗讓圈員對自己和對團隊運作的能力更有信心，這現象尤其在新進人員更加明顯。圈員把主動發掘問題進行各種改善，當成是獲得績效的快速管道，實現彎道超車提前晉升的捷徑。

3. 協助圈員建立職場人脈，擴展知識領域

在公司內經營人脈是許多新進人員努力鑽研的事情，但是在陌生的環境，在露臉機會不多的情況下，通常是透過社交的方法來建立交情，而不是靠顯露個人的價值來贏得別人的友誼。

學習導向品管圈讓新進人員和其他單位人員共同處理問題，注重過程中的圈員互動，因此個人的能力、個性都呈現在圈員面前，圈員有機會找到更志趣相投的朋友，這種同梯次學員共同奮鬥的友誼讓人難忘。

專案人員發現，一些學習導向品管圈的圈友後來成爲任務導向品管圈的固定班底。這些人多數是在學習導向品管圈培訓中認識，有多次合作經驗，並得到了彼此的信賴。

4. 圈員有更強的職場適應能力

TQM專案的培訓實驗經過與對照組的對比後，發現參與過學習導向品管圈的圈員，許多能力優於只純粹密集上課未參加品管圈

的其他員工，更超出依循舊的培訓模式，零星上課的員工。尤其在新人工作一年後的考核上，核心能力的差異更是明顯，離職率也比較低。例如比較適應主管嚴格的工作檢討方式，能妥善的處理客戶的問題等。

TQM專案實驗發現，公司靠課程宣導或資深同仁的關懷，來勉勵員工儘快適應工作，有合乎企業期望的表現，這樣的做法或心情抒發式的安慰效果顯然不大。尤其一些與工作態度相關的問題，員工通常是在考績評量時才得知主管的「判斷標準」，而不是在平時就有明確的規則或是範例可以參考。這是讓員工抱怨考績不公平、主管太主觀的原因，考績制度也失去培育塑造員工的功能。

公司的許多規定不是員工與生俱來的本能，需要外界給予實務訓練，得到信心而養成習慣。學習導向品管圈是透過解決問題過程中的實際情境和壓力，明確的告知員工什麼該做，如何去做，養成正確的行爲習慣，減少員工自己摸索的時間和挫折，進而提升了新人適應公司管理的能力。

例如透過開會紀律、報告撰寫等訓練，可以革除員工散漫拖延、不精準的工作態度。如何與別人溝通討論、團隊合作，可以學習正確的做事方法和與人相處的技巧。

第 5 章
用行爲規範來塑造員工的觀念和態度

5.1 多數人的觀念態度和行爲是可以修正的
5.2 有利學習核心能力的60種職場行爲
5.3 從「態度改變」理論中學習改變員工的方法
5.4 學習導向品管圈能有效的改變員工觀念態度
5.5 透過品管圈培養員工建設性衝突的觀念
5.6 透過品管圈培養員工正向積極的工作態度
5.7 品管圈培養員工追求更好品質和方法的習慣
5.8 品管圈培養員工深究原因與追蹤過程的習慣
5.9 學習導向品管圈實現的當責文化

應聘者的知識技能可以透過測驗檢視，但是其內在的觀念性格卻很難精準判斷出來。這些內在因素會影響個人工作績效的優秀程度，跟核心能力有密切關聯。例如有些人企圖心強，可以積極有恆心的完成工作，甚至設定具挑戰性的目標；有些卻只想安於現狀，對升遷不感興趣。

招聘人員普遍認為這些內在因素很難藉由培訓來改變，但是TQM專案人員發現，員工的核心能力培訓失效可能是原先的培訓方法有問題，不全然是個人內在因素難以改變的原因。

5.1 多數人的觀念態度和行爲是可以修正的

員工核心能力除了知識技能外，也包含了觀念態度和行爲。在許多招募人員觀念中，觀念態度和行爲方式是屬於個人的內在能力，大部分是與生俱來或是在生活經驗中，不斷的適應學習所累積出來的特質，不會輕易因爲外在因素而再次改變。所謂「江山易改，本性難移」，所以人資單位努力在招募過程中，透過種種測驗和觀察，來判斷應徵者的內在能力是否滿足公司期望的觀念和態度。

TQM專案對心理學方面的知識涉獵不多，但在培訓實驗中發現，絕大多數人的觀念態度和行爲方式是可以修正規範的，員工甚至可以在上班期間維持住公司期望的樣子，下了班立即恢復本性，例如6S的規定。跟東西方文化的差異，或宗教信仰上的差異相比，公司期望的觀念態度和行爲要求其實對多數人並不是很難接受。

因爲專案人員當時實驗的對象都是經過招聘程序篩選過的職場新鮮人，上述的結論可能不準確。所以我在後來擔任顧問時，仍持續關注這個事情。我在大陸曾經與學校合作先培訓後應聘的課程，學生來源並沒有經過篩選，但是經過培訓後，一樣能滿足招募的要求，進公司後的離職率甚至比其他管道經過層層考核的新人離職率低。（請參考第9章）

招募人員會著重在面試時就找到與公司願景相同的員工，是因爲覺得透過灌輸觀念無法改變其本性。但專案人員覺得年輕的應聘者觀念態度等人格特質尚未定型，或許可以像新兵訓練中心那樣，在新人階段就嚴密的規範其行爲，再配合知識的傳授和宣導，讓新人養成習慣後，塑造出公司期望的員工性格。

從實驗結果中發現，參加培訓實驗的新進員工，主管和同仁的滿意度較高，離職率也明顯低於未參加的新進員工，顯示培訓實驗對員工性格的塑造有一定的影響。專案人員也發現**純上課和宣導的培訓方法對員工觀念態度和行爲的改變緩慢且甚少，而學習型品管圈的培訓方式，卻有快速明顯的功效**。追究其原因，可能是來自於輔導員的即時督導，有清楚的學習典範和圈員同舟一命的同儕壓力所產生的效果。

圖5-1：養成正確的行爲習慣

思想決定行為，行為決定習慣
習慣決定性格，性格決定命運

培根《習慣論》

行為心理學研究表明：任何一個想法，重複驗證21次，就會變成習慣性想法。一個觀念如果被別人或者自己驗證了21次以上，它已經變成了你的信念。

5.2 有利學習核心能力的60種職場行爲

每個企業的環境、文化和經營模式不同，需要的職場行爲，觀念態度也不同。新進人員在進入公司後會有一段時期的文化碰撞，尤其是從其他企業轉職來的人員，更會明顯的有精神上的衝擊。在剛加入企業的初期，每天處在焦慮緊張的狀態，擔心自己犯錯，並羨慕資深員工的相處模式。透過觀察資深同仁的行爲，或是主管的糾正，以及自己在環境中的體悟，培養出有利於自己生存的行爲反應。

TQM專案蒐集台積電主管對員工的行爲期望，對照公司價值觀和策略的要求後，整理出新進人員必備的６０種員工職場行爲。這些行爲透過品質觀念課程或主管的日常會議或學習型品管圈的輔導，讓新人養成這些行爲習慣。

專案人員發現，**明確的告知員工公司期望的行爲，並透過紀律的要求形成習慣，對核心能力的培養會比員工自行揣摩職場行爲的方式更爲有效**。以下的職場行爲在許多的管理文章中也常提到，可以幫助提高工作績效，有助於核心能力的養成，可以提供企業參考和學生自己練習。

1. 會議中擔任旁聽者的時候

（1）仔細聽

別人報告時，要仔細聽。一方面可以了解與會人員習慣的報告方式，一方面要注意主管常會問在場人員對報告的看法，因爲公司希望參與會議的人都要有貢獻。

（2）記筆記

記下別人的簡報格式，報告方式和應對上的優點，以及涉及自己崗位工作的事，或是主管所透露的單位立場和工作原則。

（3）主動幫忙

當會議中提到需要自願者的時候，對於自己可以幫上忙的部分，主動爭取幫忙的機會。不僅可以贏得與會者好感，將來也有挑選自己喜歡的工作的機會。

（4）要守時

不僅是會議的主持人或報告人需要遵守會議時間，會議旁聽者也要提醒自己守時。新進人員最好提前到場幫忙布置會場。

2. 會議中需報告例行工作的時候

（1）報告前做好準備

想清楚你的客戶是誰，因應不同聽衆的需求，準備的東西就不一樣。要設想別人會問的問題。這些問題通常是爲什麼發生？其他單位發生過同樣問題嗎？如何解決？要採取什麼方法避免同樣錯誤？

(2) 簡報內容要精簡紮實

內容不用花俏，儘量有數據圖表，有邏輯順序，有結論說明。試著想像聽衆的程度，是否能看懂報告內容。公司裡多數的會議，例如生產或技術會議，簡報內容的規畫方式與外界簡報課程的教法不同，最明顯的就是不要放與生產技術無關的插圖，而且每頁也不要只有三四條綱要，等著報告者來引導氣氛講解內容。所以如何利用圖表邏輯將許多資訊安排在同一頁面上，既精簡又紮實，讓聽衆可以在報告者少量的講解中，自己從報告中了解該頁的重點。

(3) 報告時講重點

不要念稿，不用試圖把簡報上的資料全部講出來。把各頁簡報的重點標示出來，保留幾秒鐘給與會者看簡報和思考。很多情況都是可以先講結論，或是你的目標，然後解釋理由，並提出證據，以及相應的行動對策。

不僅描述問題或陳述一個事件時，用字要非常精準，回答提問時，也要確實而精準，避免情緒性的形容詞。

(4) 不要慌張或被激怒

面對與會人員咄咄逼人的提問，或是直指錯誤時，要保持冷靜。要理解不同立場的人自然會從不同角度提出不同的看法，所以要克服自己的負面情緒。如果覺得自己很容易控制不了情緒，要在會議前準備一些轉移注意力的方法，例如吸氣、喝水、手上握著小玩意等。

(5) 誠實的溝通

對於不懂的問題要誠實承認，不要裝懂、矇混或顧左右而言他。若自己的報告的確有錯誤，就要誠懇地道歉，若覺得沒有錯誤，就找證據來解釋。不要死不承認，也不用委曲求全。

(6) 當日事當日畢

對於會議上回答不上來的問題，或是需進一步解釋的證據，都要趕緊找資料，儘量在會議結束前或當日下班前及時回報。許多會議主持人會在會議結束前保留時間給當事人再度說明。

3. 參加會議討論的時候

(1) 會前詳讀資料

會議前要先看相關資料，了解會議的目的，才不會在會議上被要求發言時，無法聚焦會議重點或是提問一些會前資料早就說明的事。如果在會議上都不表達意見，會被通知主管改派別人參加會議。

(2) 先與主管討論

將可能需要單位配合的事項，事先與主管討論，才不會在會議上無法承諾或拒絕可能的任務。如果想要求別單位幫忙，也儘量在會議前先跟對方代表討論，讓對方代表可以先跟其主管討論。

(3) 有憑有據的發言

表達意見時要簡潔扼要地說重點，不要急著表達意見，不要論述不清楚，卻期待別人花時間傾聽。如果有時間，最好要準備充分的資料數據來支持自己的觀點，如果臨時發生討論，要儘量用問題解決步驟中學習的的邏輯和工具來表達論述。

會議上的衝突要以正向的態度處理，不要抬槓或因人廢言。如果發覺雙方的討論已經偏離主題，可以請求主席協助。

(4) 服從會議決議

有任何意見都要在做成會議決議前提出，對會議決議事項，以及承諾的任務，要使命必達，負起成敗的責任。

(5) 熟悉問題解析邏輯

討論問題的責任歸屬時，需依從問題解析邏輯，以及客觀的證據，不要爲了推卸責任而雄辯。

4. 安排並主持會議的時候

(1) 了解會議的性質

釐清會議的主要性質是通知訊息或是意見討論或是決定對策並分配任務。清楚會議想要得到的成果，以便順利規畫會議。

(2) 邀請對的參加人員

要別單位主管派出會議代表時，要事先告知對方主管需要的人選條件，事先準備的事項，以便主管派合適的人員參加會議。

(3) 做好會議前準備

要設計如何讓會議有效率地舉行並且達到會議的目的。要注意會議前應先做好哪些準備，例如會議議程、時間控制、需事先研讀的資料、需事先協調好的任務分配、需事先準備的工具。

(4) 控制會議的進度和秩序

各項議題的時間都要加以管制，讓會議準時開始準時結束。當與會人員討論某議題超出時間，或是陷入對抗，或是玩笑聊天以致於跑題時，主持人要勇敢的制止，引導回正常的議題。不能因爲自己職級較低，就不敢管理會議秩序。

(5) 及時發放會議紀錄

會議當中決定的事情，要有很清楚的紀錄及跟催，最好在會議結束前跟與會者確認會議紀錄的內容，尤其是任務的分配和完成期限。正式的書面紀錄要在會議結束後儘快的發出。

(6) 會議紀錄通知利害關係人

會議紀錄除了給與會人員外，也要根據ARCI的方法列出利害關係人。副本知會他們會議結果並在信後詢問未來是否想繼續收到跟主題有關的信件。

5. 被指派任務的時候

(1) 釐清任務內容

主管交代事情時，應用5W2H工具，當下就問清楚主管想要做的事情、目的、期限。要學習從主管的角度去分析這個任務的內容。

(2) 有疑難先溝通

對主管的任務有疑問或需要支援或需要重新安排其它事情時，要先與主管溝通，不要帶著問號埋頭苦幹或暗暗流淚。

(3) 主動報告進度

依PDCA原則，分階段主動向主管報告進度。要描述過程和結果是否符合計畫，以及未符合計畫時的處理方法。如果是會議中的任務，在下次會議的一開始，會被要求報告進度，一直到任務結束。

(4) 主動解決問題

遇到問題時，先試著自己想辦法或請教其他同仁如何解決。要向主管求救時，要帶上解決的方案，和問題的相關資料，不要直接就把問題丟給主管。

(5) 運用周圍資源解決問題

很多任務要善用周圍的資源來突破困難，例如同仁的幫忙，制度上規定等。臉皮要厚一點，膽子要大一點，腦子要活一點。

(6) 從錯誤中記取教訓

任務出錯了，不要抱怨，不要找理由和難處，而是趕緊整理資料，記取教訓。失敗者在不應該做什麼的問題上是權威。

(7) 停止抱怨專心完成任務

當覺得爭取不到足夠支援，時間來不及或其他原因覺得很難完成任務，甚至氣憤勞逸不均，主管不公平時，趕緊提醒自己停止抱怨，想辦法完成任務。因爲一旦陷入這種負面情緒，精力都會放在找失敗的理由上，主管可以容忍你失敗但很難容忍你不去嘗試完成任務。

6. 處理日常作業的時候

(1) 遵守工作紀律

嚴格遵守各種工作規定。有任何疑慮或改善建議時也要先遵守規定，同時迅速向主管反映。

(2) 爲工作成果負責

嚴謹精準地完成每件事，要交出工作成果前，要再仔細檢查。例如：相關的數字、格式等。不能抱著犯錯沒有關係，客戶有疑問自然會提出申訴，我再來改正的想法。

(3) 做好時間管理

依事情的輕重緩急，每日擬定工作計畫，安排批量完成的方法，才不會被電話、郵件等事件打亂工作步驟。新人常被指派成救火人員，更要注意時間的規畫。例如每日清晨就列好要打的電話，一上班就趕緊先打電話給別人，讓別人上班時優先處理你的工作。

(4) 準時完成工作要求

許多工作都有處理期限，要準時或提前完成。遇到私事或其它任務可能造成延遲時，要預先處理或向主管求援。

(5) 練習寫工作日誌和周報

養成記錄每日待辦事件與完成事件的習慣，對照每周每日的工作計畫，整理成周報。周報中不要只描述遇到的問題，也要提出自己的解決建議。

(6) 重視發問技巧

有問題要請教別人時，要先察言觀色，把握恰當提問時機。把問題先寫在筆記本上，自己先想過要問甚麼，如何問，不要天馬行空，將話搭話的亂問。

(7) 放下面子與自尊

要理解別人沒有寵你哄你的義務，面對前輩愛理不理或說話直來直往，讓你覺得不留情面時，要自己調適心情，檢討發問的方式，另找時間繼續請教或改向其他人詢問。

(8) 主動學習相關知識

要主動的去調閱相關操作規範，系統制度等說明，而不是被動等培訓單位或資深同仁安排上課。正式上課前要先預習課程並列出各個疑問點。

(9) 積極減少錯誤的損失

工作發生錯誤時，不要花時間究責或找理由解釋，要趕緊採取防堵損失擴大的措施，並主動通知受影響的相關人員。

(10) 主動解決客戶的困難

客戶包含外部客戶和內部的同仁。工作職掌表上的內容只是描述工作綱要，但是實際的工作是從客戶有需求就開始了。所以不能被動的等客戶把所有資料都寫對寫好才願意接案工作，要主動去解決客戶的困難。例如：主動幫忙聯絡其它協辦單位提供資料，而不是丟回申請者去跨單位到處申請資料再重新送件。

7. 想提升工作績效的時候

(1) 發覺改善的機會

要想著如何把工作做得更好，更讓客戶滿意。主動挖掘內外客戶的需求，觀察外界好的流程服務，思考目前工作流程的目的，相信永遠有更好的方法。

(2) 練習創意工具訂下改善目標

常常應用創意工具，多與同仁腦力激盪出改善的點子。給自己訂下改善目標，主動向主管報告改善工作的方法，或透過提案系統對其他人的工作提出改善建議。

(3) 熟悉問題解決的方法

面對複雜的問題要運用問題分析與解決的邏輯步驟和各種工具，抽絲剝繭找出關鍵，對症下藥來解決，不能直覺性的採取對策。

(4) 習慣學習新工作方法

各種流程和系統會持續更新改善，工作輪動或跨部門專案都很常見，所以要習慣接觸不熟悉的業務，學習新的工作方法。

(5) 多觀察多閱讀多思考

除了工作領域的知識外，也要多接觸其它領域的知識。仔細觀察現象，並思考背後的道理，分辨其中的優缺點。增加自己的見識，讓腦袋變得靈活。

8. 與主管討論個人發展規畫的時候

(1) 蒐集績效考核的資料

要主動蒐集證據資料，證明自己不斷在改善工作績效。例如周報、改善建議或主動服務其他同仁的事項。績效考核時若提不出相關證據，該項目會無法得分，不能期望主管會記得他交辦過的事項或用印象來打分。

(2) 設立目標提升個人價值

員工除了需跟主管定期檢討工作目標外，每年設立個人發展目標時，要依據公司的發展策略，思考如何結合自己的特長，興趣來提升對公司的價值。

(3) 主動提出改善的專案

不用等主管指派任務，而是主動的提出改善的主題，找其他部門同仁探詢合作的可能性。主管欣賞積極的員工，即使犯錯沒做好，也好過悶聲不出頭。

（4）落實達成目標的計畫

員工與主管共同設定的目標，形成工作上的契約。所以要訂定計畫，採取明確的行動，分階段追蹤檢討，不能輕忽。

9. 與同仁相處的時候

（1）不要論人是非

不要去打聽、談論別人的私事。聽到涉及生命或公司利益的訊息時，可以循正常管道向公司反映。不要向同仁傳播或向主管私語別人的事情。這種假借關心，實則爭取自己存在感，甚至扭曲事實中傷霸凌別人的行爲，很快會被發現並受到團體的排斥。新進人員，包含一般員工和主管，要記得公司不喜歡這種表面一套背後一套，缺乏誠信破壞團結的行爲。

（2）不要拉幫結派

同仁中很多是同校、同鄉關係，不要把這些關係掛在嘴上。也不要動不動就我們某某單位，你們某某單位，用抱團來製造與其他單位的分離。

（3）不要有英雄主義

與同事相處不要自恃高人一等，公司鼓勵競爭，但更要求要團隊合作。所以不要太強調個人能力和意見，盡量取得團隊的共識。個人的創新意見可以透過提案系統或會議紀錄中留存，不用擔心自己的才能不被發現，相信金子永遠會有發光的機會。

（4）不要搶風頭搞分裂

團隊對外溝通時，要以當責者（例如圈長）的意見爲基準，不要爲了在外人面前爭取印象，搶著發言和接受別人給的任務，並在團隊內形成兩個決策中心。

（5）主動幫助與分享

不要侷限在自己的工作權責。平時熱心幫助別人解決問題，團隊中主動分享資源和知識，把公司的整體利益放前面，在幫助別人的同時也在幫助自己累積資源和能量。

（6）多和其他同事配合

不要整天埋首自己工作，新人要主動參與一些單位的雜事，老人要主動參加跨崗位的專案，建立友誼人脈，對未來的各種合作和職涯發展很有幫助。

（7）不要咄咄逼人或抹黑別人

主管鼓勵員工做事要「Aggressive」，是指要有強烈的目標感，要勇敢跳出窠臼想方法積極達成目標；但不是要員工具攻擊性破壞團結。尤其需要別單位配合時，要說理，要想方法去爭取對方支持。不能一副我是內部顧客，顧客是上帝的想法，挑釁或抹黑的強逼對方屈服。要有顧全大局的思維，檢討自己的作爲是否把公司利益放在個人利益或單位利益之上。

(8) 爭取雙贏互利

不要單純只想要別人幫忙，也要彰顯別人的功勞，多想想如何讓對方得利。受人幫忙後，最少寫封感謝信，幫助對方得到績效考核的分數，讓別人在未來願意與你合作。

(9) 尊重別人不同的想法

與別人討論時，不要以爲自己才是對的，要從別人的立場思考其它不同的想法。發生衝突時，要就事論事，不要人身攻擊，事後不要記恨或尷尬。

(10) 不要助長拍馬屁風氣

拍別人馬屁是人之常情，但是不要用到公事上，不要隨意就在公衆場合抬高別人貶低自己來凸顯恭順，會讓某些不喜歡這種文化的人很尷尬。例如：開口閉口稱對方長官恭請訓話，稱別單位的同仁爲上級指導員等。許多主管會明白的告知部屬用中英文名字、綽號、老闆或職稱稱呼他。

跟主管對話時不用說客套話，不用講什麼阿諛奉承之詞。他若有事要問，部屬據實重點回答就行。公司強調的有話直說，不是指不帶腦筋的說出傷人的話，而是指不用講客套話，不用講沒有意義的話。

10. 與公司外部人員相處的時候

(1) 不要討論公司機密

除了不准將公司資料帶出公司外，要特別注意的是不要跟家人、朋友或其他人士討論公司的機密事情。

(2) 注意在外面的行為

員工在外面的行爲常常代表著公司的形象，遵守法律不做壞事是最基礎的要求。有些有明白的規定，例如公司聚餐不飲酒，不得向廠商索賄，愛護環境善盡企業公民責任。有些沒有明白的規定，要靠員工自己的提醒。例如關懷弱勢，以成爲「提升社會向上的力量」。

(3) 不要因交情損害公司利益

每個人都有親戚朋友，免不了會遇到許多請託，但是要記得公私分明循正常管道辦理，不要覺得只是件小事，就輕忽了一些規定。

5.3 從「態度改變」理論中學習改變員工的方法

觀念態度會影響個人的行爲，進而影響最後的成果。所以在核心能力培訓中，如何使員工具備公司期望的觀念態度是很重要的一部分。根據心理學家提出的各種態度改變或態度形成的理論，要改變一個人的觀念態度，可以透過有計畫性地傳遞訊息和情境接觸，使一個人因爲趨吉避凶的誘因，或是被影響了的認知，而對自己產生自我說服，改變自己的態度的反應。這些理論被普遍應用在媒體廣告的傳播活動中，或是在軍中政治思想教育課程。

TQM專案參考這些理論，得到以下**改變個人觀念態度的培訓重點**。

1. 讓受改變者參與活動。**要改變一個人的態度，必須引導他積極地參加相應的活動**。
2. 透過強有力的示範，讓受改變者觀察模仿，**在活動中增強對態度內容的瞭解**。
3. 提供做相同事情的多數模範，**在環境中強化受改變者進行改變態度的誘因**，從而有效的造成態度改變。
4. 提供受改變者正向的訊息作爲學習回饋。**在學習過程中鼓勵受改變者，給予支持與回饋**，以達到學習目標。

改變員工觀念態度的工作一直被認爲是單位主管和企業文化的事，培訓單位只是提供相關的知識課程。專案人員將上述培訓重點分別應用在單位主管和學長夥伴制的教導，課堂的分組學習和學習導向品管圈中，經過同一段時間的實驗，結果發現透過學習導向品管圈的學習方式，對學員的觀念態度影響最爲明顯。

5.4 學習導向品管圈能有效的改變員工觀念態度

對於透過學習導向品管圈可以更有效改變員工觀念態度的結果，專案人員進一步的分析原因，結論如下：

1. 學習導向品管圈的情境提升了圈員學習的意願，容易吸收不一樣的訊息

新進人員將在沒有主管督導的情況下，與其他圈員，甚至多數是別單位新進同仁，一起解決問題或開展新任務。團隊活動的過程不會一帆風順，各項任務對大家來講都是陌生且額外的工作壓力。

有的圈員會比較負責積極，有的會推諉卸責，有的固執己見，有的置身事外；短短的幾個月，會把職場上主管看不見，但常發生的人際互動經歷個遍，個人的行為會赤裸裸的展現在圈員面前。在限期完成任務的壓力下，新進人員會期望輔導員提供解決這些人際關係衝突和處理問題的方法。所以個人的防衛心會降低，新的觀念容易透過訊息被吸收。

2. 學習導向品管圈中影響觀念態度的訊息強度更強、更密集

學習理論強調態度的習得是來自與他人互動的學習過程，要使人們相信一句話或者一件事的方法就是不斷重複，因為人們很難分辨熟悉感和真相；越熟悉的事情，就會讓他們放鬆認知，而做出舒服又輕鬆的判斷。

在學習導向品管圈的每次圈會中，輔導員會引導圈員學習與不同想法和立場的同仁合作，學習應付彼此間的衝突；這些影響觀念態度的訊息，每兩三周就會被提醒一次，而且有實際的行為來當範例印證，這會讓新進人員記憶深刻，進而養成公司期望的觀念態度和行為習慣。

3. 輔導員的角色提高了訊息的可信度，讓學員容易信賴

傳播理論中提到，影響觀念態度的訊息來源方面，要具有可信度（和專家身分和可靠程度有關）。學習導向品管圈中的輔導員是以老師傳道授業的身分爲主，關懷解惑的身分爲輔，說的話更具可信度。而且因爲跟圈員不是主管和部屬關係，甚至不同單位部門，傳遞的訊息被認爲是客觀可靠的。

4. 圈員彼此的壓力，促使加速觀念態度的形塑

個人的態度形成是一種理性的，主動決策的過程，遇到一件事好處大於壞處時，個體會採取積極態度或行動；好處小於壞處時則會採取消極態度或行動。學習導向品管圈的圈員是六到八人，在解決問題共度難關的過程中，新進人員很容易建立起革命情感，一些細微的小事，形成了共識之後，會塑造出強大的共同意識。個人的不合群行爲，或是被輔導員指正的不恰當觀念態度，在這小團體中會被放大甚至排擠孤立。基於恐懼的心理，圈員會加速觀念態度的改變，謀求其他圈員的認同。

學習導向品管圈透過輔導員幫助員工學習公司期望的觀念行爲，輔導員不是只有傾聽、排解圈員情緒的作用，還要有解惑，啟發和示範等作用，最終目的是明確讓圈員了解甚麼是企業期望的行爲和觀念，爲何要如此做的原因。因爲品管圈的學習方式對學員的

觀念態度影響最爲快速明顯，專案人員將企業文化相關的一些觀念態度逐一加入學習導向品管圈的培訓課程中，分別得到了以下的成功經驗。

5.5 透過品管圈培養員工建設性衝突的觀念

台積電取經英特爾公司「建設性矛盾、建設性衝突」的工作溝通模式，成爲處理衝突的方法。除了透過人資部門要求主管身體力行外，學習導向品管圈將「建設性衝突」的做法納入在圈會中，培養員工具備處理衝突的能力。

1. 正面看待衝突的影響

每個人的想法都不同，所以衝突在溝通過程中是很難避免的。如果把衝突看成破壞組織感情、團體合作，追求以和爲貴，導致許多不同於傳統做法的思想無法被提出，形成鄉愿文化，反而傷害組織發展。

「建設性衝突」不是鼓勵好鬥抬槓的溝通方式，而是指在發生衝突時，透過一些方法使其變成各方目標一致，實現目標的途徑手段不同而產生的衝突。建設性衝突可以使組織中存在的不良功能和問題充分暴露出來，防止了事態的進一步惡化。同時，可以促進不同意見的交流和對自身弱點的檢討，有利於促進良性競爭。

2. 學習將衝突轉換成「建設性衝突」的方法

(1) 不要害怕衝突

首先排除衝突是負面的，要盡量避免衝突的想法。發生衝突時，當事人和協調的人不是單純忍讓或各退一步，不是期望化劍拔弩張爲一團和氣，而是要努力將衝突變成「建設性衝突」。因爲衝突的引發與避免不是重點，重點應該放在最終是否創造價值。圈員應該據理力爭但服從決議，追求結果和諧而非過程和諧。

事實上有點火藥味的跨階層交談是「建設性衝突」展現的風貌之一，所以先有習慣衝突的心理建設，要學習如何吵架和如何處理別人吵架。

(2) 用科學方法來說明主張

建設性衝突的溝通方式不是「硬話軟說」或「先求情感認同」等迂迴卻耗時的方式。而是先在組織中建立溝通的步驟，論證的方法，用科學化的方法來辯論雙方的主張。

對於要討論的問題，雙方先利用「定義問題的步驟」釐清想要討論的指標或特性點內容，針對該指標的現況和理想狀況取得共識，然後各自陳述解決問題的方法和可能的利弊得失。

例如討論某流程服務如何讓客戶更滿意，首先把客戶滿意變成「客戶滿意度」，再根據客戶滿意度決定衡量成果的對象和方法，討論對策的評估標準，如此可以排除許多創意很好卻無法衡量成果的意見。如果質疑某單位沒有做好，也透過問題分析工具來解釋得到如此推論的過程。

所以用科學化的方法來說明主張是指論述都是有證據支持，採用雙方都認可的思考邏輯、分析工具，來探討問題的原因或是推演可能的情況。企業要達到這樣的溝通方式，首先要讓這些討論問題、解決問題的知識工具都變成員工的核心能力。TQM專案把這些訓練列爲必修課程就是爲了讓溝通雙方有統一的論述方法，快速地切入重點，提升溝通效率。

(3) 善用議事規則

對於無法在時限內得到結論的衝突，職級或年資高的一方應該提出擱置爭議，另找時間討論或是改爲書面討論，並主動說明是對事不對人，如果有言語不當，期望對方原諒。如果是發生在會議中，主持人要重申就事論事的原則，不是要求他們停止爭辯，而是提醒他們是要透過爭論，爲團隊產生助益。

如果氣氛激烈僵持不下，主持人也可以引進其他人參與，集中注意力在事情上討論，碰到人身攻擊時需要立刻制止。若仍然無法解決衝突，主持人可以停止討論，暫時休息，或安排人員針對爭執不下的個人私下做一對一的會議。

若在非會議的場合，雙方溝通中發生某方因情緒化表現而引起的爭吵時，要避免想立即得到結果的想法。儘量換個時間，討論方式，找第三人在場，冷靜後再來討論。

(4) 自我的提醒與修養

圈員知道公司支持「建設性衝突」，所以發生衝突時，不用恐慌擔心而產生自我防衛的心態，甚至試圖以雄辯壓制對方。也不用擔心被報復或輕視，把負面情緒帶回工作崗位。但是圈員自己也要注意本身的修養和用詞，要記得說話的語氣、態度、用詞，都是取得對方信任的關鍵，讓溝通聚焦在對事不對人的基礎。

「建設性衝突」的方法要透過多次的練習才能熟練地掌握。學習導向品管圈中的衝突比正式工作上的衝突較爲緩和，是練習「建設性衝突」的極佳場所。輔導員讓圈員從低強度的衝突中學習應對方式，有助於培養圈員習慣衝突，熟悉就事論事，以及較高情商的溝通方法。

5.6 透過品管圈培養員工正向積極的工作態度

正向積極的觀念態度可以讓員工處理好壓力，不畏困難，是工作績效的重要保證。學習導向品管圈運用自我效能（Self Efficacy）的理論，營造有利培養正向積極工作態度的活動氣氛。

自我效能的理論是由心理學家Albert Bandura所提出，是指個人對自己具有充分能力可以完成某事的信念。自我效能與個人擁有的技能無關，而與所擁有的能力程度的自我判斷有關。作爲一種對自己所擁有能力的信任，自我效能決定個人在特定情境中的行爲，思維方式以及情緒反應。可以說自我效能高的人比較能面對困難、接受挫折、化解壓力、積極主動的繼續挑戰問題。

影響自我效能的因素有四方面：

1. 直接經驗。指個人的親身體驗，不斷的成功可以提高自我效能感。

2. 替代經驗。榜樣的力量是無窮的，人們觀察他人的行爲而獲得的間接經驗。

3. 言語勸說。藉由建議、勸告、解釋、引導改變人們的知識態度。

4. 心理狀態。環境因素所造成的喜悅、悲傷等情緒影響。

輔導員針對上述因素來設計具體提升圈員自我效能的行為，例如對圈員的成果誇讚「Good Job」、「大家幹得很好」，即時的回饋與勉勵來激發圈員的熱情。樹立學習榜樣，使抽象的價值體系變得具體生動，看得見，摸得著；與其他圈相互競賽，在同儕及工作環境中宣傳圈員的貢獻等，使人相信可以透過學習，也容易學習，而變得更好。

稱讚別人的方法需要花心思，例如要誠心，說得出優點在哪裡，而不是廉價的隨口稱讚，或是稱讚後馬上隨著一句要如何改善的話。例如：「做的不錯，但是，如果……」，這種不斷提醒別人需要改善的稱讚，對提升自我效能沒有幫助。

透過參加課程或是各輔導員間的經驗交流，更多貼心有效的方法被創造出來，就是為了在圈員心目中確立一種導向、一個楷模，營造提升圈員自我效能的環境。

5.7 品管圈培養員工追求更好品質和方法的習慣

對新人而言，學習導向品管圈的目標是幫助他們習慣職場的要求，並具備相應的技能。輔導員傳授的首要訣竅就是**養成追求更好品質和方法的習慣，這是得到別人尊重和接受的最快方法**，也是養成喜歡觀察和不斷學習的主要動機。

台積電的工作壓力和其高薪一樣著名。TQM專案在新人培訓的第一堂品質課程中，會明白的告知新人們，加入台積電就像成為特戰部隊，在領取高薪的同時，也要有相對的付出。

首先要了解個人的價值是由客戶或競爭者所評斷，所以不要自我感覺良好。為了滿足客戶需求，包含魅力品質的追求，工作內容的變化以及節奏，都會非常快速，所以不要安於現狀。

要在期限內完成自己崗位以及同事互動產生的工作，靠的是不斷改良工作的方法。所以要聰明的工作，帶腦來工作，不要埋頭苦幹。台積電的考績制度不是論件計酬，也不是比較加班時數。能待的久活的滋潤的員工，靠的不是耐壓耐勞，而是能不斷動腦找方法。能在同一天內游刃有餘輕鬆完成工作的員工，才是大家學習的模範。

學習導向品管圈中輔導員要在各步驟腦力激盪的場合，鼓勵圈員在提出的想法上，繼續激盪創意或挑戰其假想，也要求每個圈員都有課後作業。除了確保學習效果外，另一個目的就是互相競爭觀摩，分享最佳做法。這個觀摩活動不是只在圈內進行，輔導員也會拿其他圈的優秀案例來做比較。希望讓圈員了解，即使是每個細微的工作，總是會有人找到更好更快的做法。

5.8 品管圈培養員工深究原因與追蹤過程的習慣

學習導向品管圈對新人觀念態度和行爲的塑造效果非常明顯，最讓主管認同的成果是培養了新人獨立思考，主動深究問題，知道如何回答別人的詢問。在各種交接班的會議上，當主管或其他資深員工不斷提出疑問時，不會被問的無法招架。

有跟台積電員工相處經驗的人常會發覺，「爲什麼」彷彿成了他們的口頭禪。這是因爲員工常需要處理前所未見過的問題，不能只滿足於治標的做法，需要找到眞正原因，徹底解決該問題。所以從工作會議到日常的任務回報，台積電的主管對於問題一定會一直問「爲什麼」？

例如員工發生工作過失，調查結果是該員工未遵守操作規範，主管會繼續問爲什麼該員工沒有遵守操作規範？這時候千萬不能回答是因爲該員工個人問題，因爲主管會要你拿出證據證明其他員工不會發生該問題，所以繼續深究原因後可能發現是該流程有隱藏的缺陷（地雷）或是沒有防呆措施。

主管問「爲什麼」時會有兩種情況，一種是想根據證據深究原因的追問法，「爲什麼」後面會接著問「什麼證據」，這時候要以WHY WHY原因樹分析（如圖5-2）回答主管的詢問，實事求是用證據說話。例如用生產資料或是科學論述。

圖5-2：WHY WHY原因樹分析圖

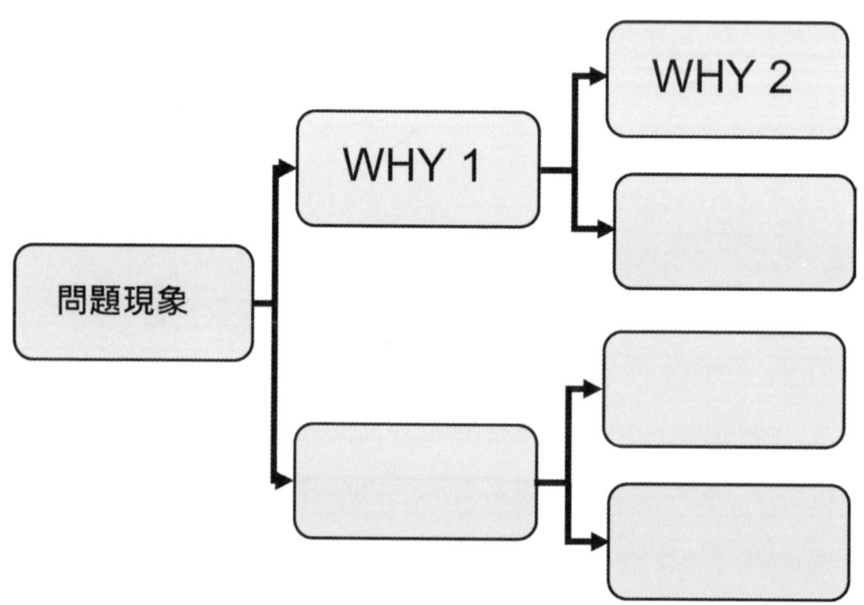

另一種是想腦力激盪蒐集各種可能原因，問「爲什麼」後面會接著問「還有哪些方面可以想」，這時候要以圖5-3特性要因圖（魚骨圖）來對應主管的詢問，廣泛的提出各種原因猜想，不可以有「應該不會是某原因」的回答。例如不能說該物品外面有成分標示，標示內容應該不會有假。

學習導向品管圈教導圈員練習這兩種工具的使用，圈會中輔導員會不斷引導圈員互相提出質疑，讓圈員熟悉在壓力的情況下應用這些工具，以後遇到主管提問時，才不會答非所問，令主管和員工都深感挫折。

圖5-3：特性要因圖

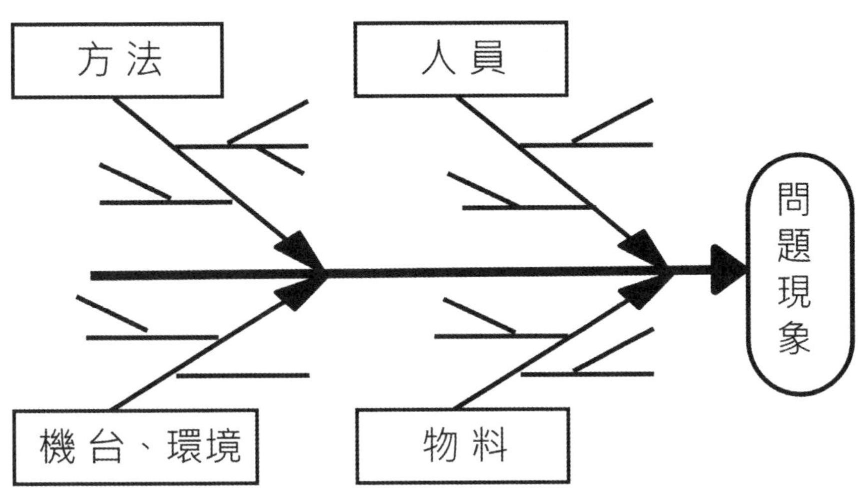

5.9 學習導向品管圈實現的當責文化

「accountability」，翻譯成「當責」、「究責」或「問責」。當責的人每當承諾要完成某件事，就會想盡辦法達成任務，而非用遍藉口推諉塞責。

台積電從創立初期就實施「accountability」管理。1998年張忠謀董事長在交通大學管理學院「經營管理專題」第四堂課程中，以台積電爲例子向學生解說了「accountability」的觀念，以及如何「授權」與「授責」。

在TQM專案進行培訓實驗時，因爲當責已經形成企業文化，所以沒有納入實驗中觀察。直到我轉換跑道成爲企管顧問後，一位學員回饋學習導向品管圈與當責行爲的關連，給了我很大的驚喜。

1. 服務標兵多數為參加過學習導向品管圈的員工

2014年先由大陸一位來自醫院的學員在群組中提出，學習導向品管圈有助於培養員工當責行爲。這個發現引起其他企業學員的重視並跟進調查後，回應他們的企業也有類似情況。這位學員指出在醫院的服務標兵票選活動中，上榜的醫護人員以參加過學習導向品管圈輔導的占多數，參加過一般專案或改善活動的占其次數量，然後是其他人員。當進一步分析民衆留言的稱讚內容後，主要是以下幾項：

（1）對民衆的詢問或請求，醫護人員會盡力回答或協助找其他人來回答。

（2）答應民衆處理的事情，醫護人員會回應處理結果。

（3）護理人員會主動提供資訊或協助，幫助病患解決問題。

（4）護理人員知道如何安撫病患的情緒，不會讓爭吵擴大。

（5）護理人員專業度高，操作手法熟練。

因爲該醫院有舉辦當責觀念的演講課程，領導們發現，當選服務標兵的員工行爲大都符合當責的描述。也注意到了全醫院參加過學習導向品管圈的人員雖然是少數，但有極高的比例成爲服務標兵，表現出當責的行爲。

2. 學習導向品管圈促進當責行為的原因

一些群組學員們在其企業內展開研究，探討學習導向品管圈促進當責行爲的原因。分享發現如下：

(1) 品管圈明確指出哪些事情可以多做一些

當責課程中提出多加一盎司（One more ounce）的觀念，要員工多一點責任、多一點決心、多一點自動自發的精神。但實際情況是員工不怕多做工作，反而害怕也不知道如何多做「一點點」。因爲多做工作有可能會加薪或是明顯的被主管看到。但是多做一點點不僅不能加薪，也不好意思去宣揚，但是如果出錯了，反而會被認爲不遵守操作規定、超出工作權限或越界而受到的處分。

參加學習導向品管圈輔導後，可以較清楚知道哪些事情多做一點，是符合主管、員工和顧客三方的期望。例如如何釐清對方的問題，如何發掘改善機會，如何進行工作改善，如何向主管報告而受到獎賞。

(2) 品管圈養成對結果負責的習慣

當責的觀念主張員工不但能完成工作，還能交出成果，不能以「我責任已了」、「這一切不是我能控制的」的理由來卸責。而實際情況是員工執行特定任務或上級分派的工作後，結果好壞交由主管來衡量，並處理後續的影響。

參加學習導向品管圈輔導後，發現執行分配的任務時，不僅要完成工作，而且要先自己檢查成果後才能交出。因爲沒有主管在後面負責把關或是指派別人支援，一切要靠圈員自己完成任務並承擔責任。圈長和圈員大都是相同階級的同事，若沒有把任務做好，達到大家的要求，除了會議上留下紀錄外，也將受到圈員們的鄙視。

(3) 品管圈養成會運用團隊完成任務的習慣

對許多經歷「能者多勞」的員工而言，排斥「當責」的原因是害怕孤軍奮戰，互不幫忙的企業文化，所以員工覺得學會「拒絕」要比學會當責更重要。如果企業內有互相幫忙，團隊合作的文化，員工就不會斤斤計較推諉事情。而這種文化不是靠宣導或主管強迫就能達成，主要靠從小事合作累積的默契，讓員工能自主的團隊合作。品管圈活動是建立合作默契的最佳場所，遇到困難時，圈員比較敢開口求援，願意互相幫助，「當責」的完成任務。

(4) 品管圈養成定期報告工作進度的習慣

當責管理主張主管應對部屬工作保持追蹤，來促進部屬養成當責習慣，追蹤頻率與員工對當責的認同度保持負相關關係。實際上，許多企業的主管沒有定期查核部屬工作的安排，部屬也沒有定期寫報告的習慣，甚至也不知道該如何寫報告。

參加學習導向品管圈的學員有定期的圈會，演練以PDCA的模式，定期報告任務進度並接受成果的檢查，確保目標的達成。養成寫報告的習慣後，即使主管沒有召開會議檢討，也可以讓部屬定期呈上報告，主管找時間批示。

3. 學習導向品管圈包含企業實現當責的步驟

企業實施當責管理需要對企業文化，管理方式和員工心態上進行改變，然而對一些成立較久的公司，很難把改變企業文化和主管管理方式當成著手點，**對企業實現當責是很頭痛的問題。而學習導向品管圈恰好提供了解決的方案，可以先養成員工當責觀念進而影響主管領導方式和文化**。

當責課程中指出實現員工當責有四個步驟：

（1）正視問題：面對冷酷事實，察納他人批評，誠懇公開溝通。

（2）擁有問題：積極介入，承諾目標與組織校準目標。

（3）解決問題：面對難題，專注最後成果，不斷思考。

（4）著手成事：確實執行，主動報告進度不斷後續追蹤。

品管圈採用的問題解決方法中也包含了這四個步驟，所以紮實完成品管圈的各步驟，等於同時也紮實練習了當責的步驟。

例如把別人的批評當成改善機會點，掌握現況並設定改善目標，透過品管工具技巧，思考解決方案，並且擬定執行計畫，追蹤成效。這些品管圈的邏輯觀念影響員工面對問題時的反應，自然容易表現出當責的行爲。

4. 學習導向品管圈是企業實現當責的很好選擇

大陸學員的研究，肯定了學習導向品管圈與當責行爲的正相關性。尤其所塑造的當責行爲是從工作改善的觀點出發，是滿足必要品質後，繼續提供魅力品質的做法，比一味的滿足「客戶是上帝」的需求，更務實更有操作性。

我詢問台灣一些客戶以及台積電的同事，也發現學習導向品管圈的確有強化當責觀念的作用，尤其對新世代的員工有更明顯的影響。他們歸納原因是同儕互相影響的力量顯然大於宣導和主管管理的力量。學習導向品管圈塑造一個正確行爲的環境，潛移默化而讓個人知道如何當責並習慣當責，是企業推行當責觀念很好的選擇。

知識文化篇

第 6 章
推薦22種增加員工核心能力的課程

6.1 如何選擇企業的核心能力課程
6.2 問題解決方法
6.3 PDCA（Plan－Do－Check－Act）
6.4 ARCI法則
6.5 方針管理
6.6 標竿學習（Benchmarking）
6.7 持續改善
6.8 二維品質模型
6.9 時間管理
6.10 目標設定理論（Goal Setting Theory）
6.11 客戶的聲音（VOC）
6.12 日常工作的圖表工具

6.13 MECE技巧

6.14 八二原則

6.15 失效模式和影響分析（FMEA）

6.16 風險處理策略

6.17 限制理論（TOC）

6.18 集體討論和決策的方法

6.19 愚巧法和ECRS改善原則

6.20 任務分解法（WBS）

6.21 多準則決策

6.22 平衡計分卡（Balanced Scorecard）

6.23 根本原因分析法（RCA）

員工如果沒有經過知識工具的學習，核心能力的發展非常緩慢，可能無法達成公司期望的水準。我在輔導企業時，發現某些企業的員工除了上過崗位技能的課程外，其他與核心能力相關的課程甚至連聽都沒有聽說過；主管階層也只知道一些管理課程，不知道還有可以提升工作能力的核心能力課程。還有些企業的培訓單位覺得核心能力的課程沒有效果，勉強開了一兩門課程後，卻只安排資淺的員工來上課，因為其他員工不願意來上課浪費時間。

企業普遍存在著不知道核心能力課程的重要以及不知道要規畫哪些課程的問題，員工核心能力的養成方式仍停留在靠主管的耳提面命或親身示範，許多做法都是知其然卻不知其所以然。

6.1 如何選擇企業的核心能力課程

媒體雜誌和顧問公司不斷的推出各種課程，要如何選擇呢？我建議企業不用受廣告影響跟風開課，但絕對不是置之不理，讓員工的核心能力跟不上競爭對手。TQM專案當時以問題導向方式規畫核心能力課程時，是蒐集台灣和國外品管圈大賽的案例，選擇問題改善的主題跟台積電的問題相近者，分析這些案例所用的知識和工具，如此便得到類似工作性質的員工必修課程，再根據公司的發展策略，列出一些選修或必修通識課程。

品管圈的案例代表著各企業員工解決問題的經驗，所用到的知識和工具都是經過圈員的效果驗證。隨著時代的演進，以及各行業的特性，許多新的管理知識和技術工具被運用在品管圈解決問題的過程中，這些新觀念知識可能是從輔導顧問、輔導員或比賽時的評審意見或觀摩其它公司隊伍所獲得，是經過專家推薦和實際應用的結果，是各企業選擇核心能力課程時最方便的參考資訊。這些知識工具的應用情況，在許多品管圈大賽的推行單位都有統計甚至公布，企業可以輕鬆地獲得這些資訊。

專案人員也在培訓實驗中發現，員工透過品管圈活動來學習這些知識工具比單純上課更有效果。培訓單位可以將課程分成等級培養內部講師來負責基礎課程，並透過品管圈的過程檢驗員工的學習情況。

以下簡介目前品管圈最普遍的知識工具，以及在品管圈活動中的應用，供員工或學生自修學習或企業規畫核心能力課程時的參考。

6.2 問題解決方法

企業常使用的問題解決方法或稱問題解決步驟，包含了QC STORY、8D、六標準差DMAIC、實驗設計，甚至活動企畫和專案管理等（表6-1）。主要的精神是把解決問題或是開創新流程工作的過程，透過嚴謹和科學化的邏輯規範，找出最合適的方法。這種重視過程的觀念，不僅提高目標的達成機率，更重要的是留下過程中成功和失敗的思路和經驗，提供後續類似改善時的參考。

對企業而言，專利技術和各流程的標準操作規範，記錄的只是成功的結果，無法提供當時如何找到對的思路和曾犯哪些錯誤的眞實資料，對於後來的人解決問題和開發新技術時，沒有縮短其摸索和失敗所浪費的時間。所以**企業的知識，不是只有最終成功的技術結果，整個過程的所有資料，也是重要的資產**。

品管圈活動在應用問題解決方法時，又分爲問題解決型與課題達成型。主要差別是問題解決型聚焦在現在和過去的事情，而課題達成型聚焦未來的事情。

問題解決型適合有過去的數據可以進行分析的問題，但當我們遇到要推行新的業務、要事先採取措施預防可能的風險或是要達到之前慢慢改善所無法達到的大目標時，可能沒有數據和經驗可以參考，問題解決型的步驟已經起不了大作用。此時，課題達成型提供了慎密的思考邏輯，協助提高了目標的達成率。如果用家庭收支中開源與節流來做比喻，問題解決型適合於探討浪費的原因找到節流的方法，而課題達成型就是透過開源去想各種增加收入可行的做法。

表6-1：企業常用的問題解決步驟

PDCA	DMAIC	問題解決型		課題達成型	
		QC STORY	8D	QC STORY	活動企畫項目
P	D	步驟1.主題選定 步驟2.活動計畫擬定	步驟1.主題選定與建立團隊 與活動計畫擬定	步驟1.主題選定 步驟2.活動計畫擬定	1.相關單位 2.活動宗旨目的 3.活動對象

P	M	步驟3.現狀把握 步驟4.目標設定	步驟2.描述問題與掌握現況 與目標設定	步驟3.課題明確化 步驟4.目標設定	4.活動內容 5.活動時間 6.地點與交通
P	A	步驟5.解析	步驟3.執行及驗證暫時防堵措施 步驟4.列出、選定及驗證眞因		
P	A	步驟6.對策擬定	步驟5.列出、選定及驗證永久對策	步驟5.方策擬定 步驟6.最適策追究	7.活動宣傳方法 8.人力分配，物品道具等
D	I	步驟7.對策實施及檢討	步驟6.執行永久對策及確認效果	步驟7.最適策實施	9.活動流程與計畫 10.活動預算 11.預期效益 12.備案計畫
C	C	步驟8.效果確認		步驟8.效果確認	
A	C	步驟9.標準化	步驟7.預防再發及標準化	步驟9.標準化	13.附件／補充資料／其它注意事項
A	C	步驟10.檢討及改進	步驟8.反省，恭賀團隊	步驟10.檢討及改進	

6.3 PDCA（Plan－Do－Check－Act）

PDCA（Plan－Do－Check－Act）**戴明管理循環是提高工作計畫完整性並確保達成目標的重要觀念架構**。在品管圈活動中有普遍的應用，單位主管可以在日常業務中，對部屬常進行這項訓練，讓PDCA的精神深植在部屬腦中。各階段的重點如下：

1. PLAN（規畫）

描述此計畫目的、目標、限制、參與對象、細項作法與查核的方法。重點是先了解主管的意圖以及可以提供的資源。舉例如下：

交辦計畫	部門聚餐
目的	聯誼，幫忙資深未婚員工找對象
目標	活動結束三個月後，持續交往的比例大於30%
限制	需值班的未婚員工請已婚員工幫忙值班
參與對象	單位同仁和某單位的未婚女性
細項做法	詳如活動說明，主要包括團康活動和聚餐
查核方法	活動結束三個月後進行問卷調查

2. DO（執行）

描述執行時的情況，例如執行人、地點、時間、執行過程。重點是定時回報主管想知道的事項。例如：活動當天要有行程安排，各項節目活動的負責人、舉辦時間和地點安排等。要把過程拍照回公司後向主管匯報。

3. CHECK（查核）

描述檢查的結果是否符合計畫，重點是檢查的方法和結果。例如：團康活動時的檢查點是大家的參與情況、男生是否都有採取行動、女生是否抱團不肯分散、是否有被忽略的人員。主持人要事先安排人員觀察雙方的互動情況。

4. ACT（處置）

描述符合計畫或偏離計畫時的處置方式，重點是給出結論。例如：如果發現女生有抱團集體行動的，主辦人要透過團康遊戲巧妙的分開她們，製造和其他男生相處的機會。

因為此計畫的驗收時間是三個月後追蹤調查雙方持續交往的比例，所以活動結束後，除了針對當天情況的檢討外，也要進行促進跟補救措施。例如：幫助有意向但害羞的資深員工主動出擊。

6.4 ARCI法則

阿喜法則（ARCI）是一種分配工作與職責功能的工具，透過**清楚界定團隊中「誰該負什麼責任？」，才能避免相互爭功諉過，或是受眾多主管意見干擾的情況**。專案活動在建立組織表時，常依照此法則來分派工作。

ARCI法則把重要任務的運作，分成四個角色與四種責任，透過授權和提供能力訓練，使團隊的互動運作權責分明。亦即：

1. 當責者（Accountable）

對專案計畫成敗負責，即負起最終責任的人，一項專案中只會有一位當責者。高層主管如果賦予專案主管當責之職，就應充分授權，讓專案主管責權相符，否則當責者仍是高層主管而非專案主管。

2. 負責者（Responsible）

實際去執行、完成任務的人，可能有多人進行分工，個別負責者的權責範圍應由當責者定義清楚。負責者對自己任務範圍內的工作仍是需有當責精神，亦即要對自己的工作品質負完全責任。

3. 被諮詢者（Consulted）

負責提供建議、告知風險或提供多種執行方案，即是我們常說的顧問角色。被諮詢者不能爲了實現自己的意見對詢問人進行干擾，但可以透過郵件或會議等方式留下建議的紀錄內容。

4. 被告知者（Informed）

需要被通知工作成果或專案進度，但不直接負責該項工作，通常爲不同層級、部門的主管。被告知者如果想對專案有更深的涉入程度，應先跟專案當責者溝通，不能直接就要求得到更詳細的資料。如果被告知者不想再收到相關訊息或是希望減少頻率，都需通知專案人員更改作業方式。

ARCI法則對內要求團隊成員們發表意見時應以當責者的發言爲準，不要爲了搶出風頭去營造自己也是可以拍板定案的人。對外部人員，則釐清利害相關人員的角色與責任，有助於在收到各種意見時，能以適當的方式進行溝通。例如對於顧問或某高階主管的意見，當責者不代表一定需要聽從，最終選擇權還是在當責者的身上。顧問或某高階主管如果不滿意專案當責者的反應，也應該遵循阿喜法則（ARCI）去處理，向其上級主管反映，但仍不代表上級主管就能改變當責者的決定。

圖6-1：ARCI圖

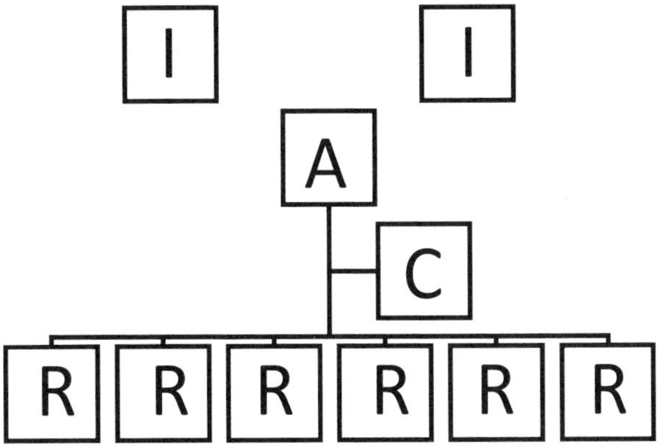

6.5 方針管理

方針管理是企業組織依據公司的願景、經營理念、與中長期的策略，在制定年度經營計畫時，爲達成各項經營目標，而制定全體工作方向，並將其依次展開至每一職能的部門，成爲部門主管的工作指標。

全組織內各項改善活動的方向和優先順序，所有員工的參與，都應和公司方針緊密地結合在一起，使所有的努力朝向同一方向，產生一股向上提升的力量，以增進經營效益。

品管圈活動選定主題的評價項目中，所謂的上級政策或是上級重視度，常常是參考公司方針管理的中長期計畫。而一年內的短期計畫或是突發事件引起的重要主題，應該要直接成立專案指定執行團隊，不必經過主題選定排列優先程度的步驟。

圖6-2：方針管理

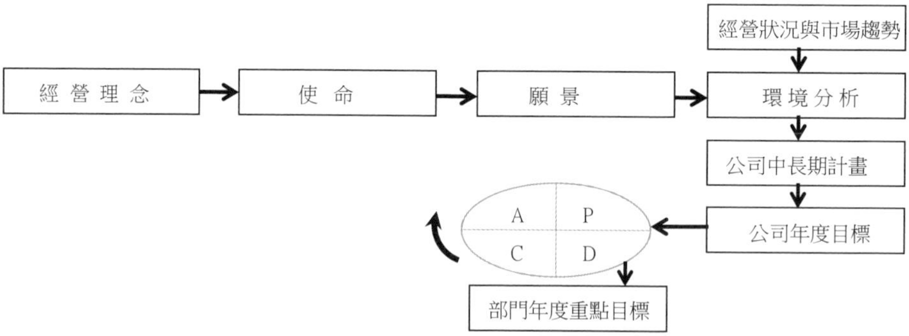

6.6 標竿學習（Benchmarking）

標竿學習是企業組織透過尋找最佳典範，衡量雙方差距並擷取對方優點，藉以提升自身營運績效的一種策略手法。標竿學習不表示要全盤模仿對方，而是需解析自我與標竿間的落差與成因，考量本身特質與公司策略，做爲學習模仿的依據。

標竿學習的做法是先定出某些企業功能領域（例如：生產、行銷、財務、服務……等）的績效衡量標準，而後尋求在此特定領域內表現卓然有成的其他組織，比較企業本身與這些標竿組織之間的績效差距，並透過分析轉換其作業流程的做法來達到改善績效，縮短差距的目的。一般來說，**標竿學習的對象有同組織內的其他部門單位，同產業的競爭公司，不同產業的公司**等。取得標竿對象的資訊可能來自論文研究、協會的交流或是發表競賽的場合或人員的流動等。

品管圈活動的標竿學習除了運用在目標設定步驟外，通常聚焦在改善的方向和對策的內容。多多參考別人不同的思路和做法，從不同產業或不同功能單位的學習，常可以激發創新的思路。

6.7 持續改善

持續改善（又稱爲漸進改善）是一種在保持生產流程穩定下持續改善績效的手段。**穩定性指的是生產作業中關鍵品質特性隨時間的變化而對應的表現，是品質管理的首先要務**，在未達成生產作業的穩定前，想要打破現況，大幅的提高目標是有極大風險的決定。以學生的考試成績爲例，某生數學科每周小考分數爲10、60、

30、100、50，平均爲50分。改善的順序應該是先找出成績起伏過大的問題，而不是急著想提升平均分數。

品管圈活動的精神是運用PDCA不斷進行持續改善活動，所以在設定改善對象和目標時，要先了解現有流程的穩定性，才決定要改善什麼。

圖6-3：持續改善

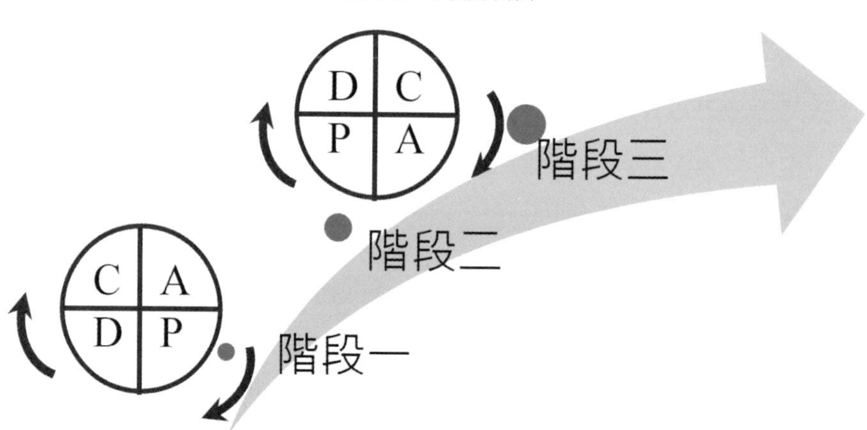

6.8 二維品質模型

魅力品質是日本品管大師狩野紀昭（Noriaki Kano）博士在其二維品質模型中所提出。所謂二維即是包括縱軸和橫軸兩個維度，其一是從顧客觀點的滿意程度，屬於客戶主觀感受，另一是從產品品質觀點的提供情況，屬於客觀的產品機能或功能。

狩野教授指出，品質要素包括四部分，分別爲：

1. 無差異品質（Indifference）

顧客不敏感、不重視的品質。就算產品功能再強、服務再好，顧客滿意度也不會提高。

2. 一維品質（One-dimensional）

與顧客滿意度呈現線性關係的品質要素。品質愈好，顧客滿意度愈高；品質下滑，顧客也會給予負面評價。

3. 必要品質（Must-be）

產品一定要具備的功能。這是顧客對產品的基本要求，功能充足時，顧客覺得理所當然，但是品質不佳時，滿意度就會大幅滑落。

4. 魅力品質（Attractive）

顧客沒有這種需求的預期心理，沒有時並不會覺得不妥或失望，但一旦提供這種品質，顧客因爲驚奇，而能產生高度的滿意度。一般而言，因爲顧客對於這類的需求可能是不太了解，大多不會主動告知。這種「意想不到的品質」的需求要由生產者或服務提供者自行發掘，提供更符合顧客心理的新產品或服務品質。然而要注意的是一旦同行業的競爭者都提供了類似的魅力品質產品，顧客就會視爲理所當然，而趨向變成必要品質。

上述各品質的**重要程度依序爲必要品質，一維品質，魅力品質然後爲無差異品質**。這個觀念在我們日常生活和工作中也非常重要，先把工作分成這四類釐清重要程度，才能利用時間管理等工具來安排工作順序。

6.9 時間管理

時間管理是以重要性和緊急性爲衡量標準，將工作分爲四個象限，安排處理的「優先順序」。分別爲：

1. 重要且緊急。例如：和必要品質和一維品質相關的迫切的問題、限期完成的工作。

2. 重要但不緊急。例如：處理未來才會發生的問題，像準備工作、預防措施、增進自己的能力或其它計畫。

3. 不重要但緊急。例如：來自於別人的意圖，因而影響我們工作順序的事情，像電話、信件、報告、會議。

4. 不重要且不緊急。例如：沒有特殊目的，隨時可以進行的事情，像處理廣告函件等忙碌瑣碎的事。

重要性的判斷可以參考二維品質模型，而不是憑感覺或任務交辦人的階級來決定。實務上，主管或資深員工要做好時間管理，常會把「不重要且不緊急」的事指派資淺員工處理，尤其是新進員工。新進員工或基層的員工，從這些雜事中，思考提升效率的方法，學習如何強化自己能力，幫主管或單位解決問題，主管或資深員工才有時間聚焦在那些「重要緊急」或「重要但不緊急」的事。

6.10 目標設定理論（Goal Setting Theory）

目標設定理論是指明確的目標配合適時的反饋能提升績效，而

一個困難的目標，若能在事先被接受，則其績效會比簡單目標的績效來得高。

「目標承諾」（Goal Commitment）是目標設定理論重要的前提，員工最有可能承諾接受該目標的情況是：1. 當目標是眾人皆知，2. 當員工認爲能掌握自己的做法，3. 當目標是自我設定而非被指派時。例如品管圈活動允許圈員依據圈能力來調整主管期望的目標，以得到所有圈員對目標的承諾。

SMART是設定目標時常用的原則，分別爲：

Specific（明確的目標）；

Measurable（可衡量、量化的數值）；

Attainable（可達成的目標）；

Relevant（和組織、策略相關的）；

Time-based（有明確的截止日期）。

其中以Attainable（可達成的目標）也就是「目標設定是否合理」與員工的接受度最相關。

若目標設定不合理，員工覺得「目標達成機率」低，則對目標的認同度必不高，執行目標過程中，投入意願勢必受影響。所以主管要將可能是異想天開的目標，經過分析拆解，成了一個個稍微努力一下，就有可能達到的小目標。除了周延的計畫外，再提供必要的資源與培訓提高「目標達成機率」；員工在接受這樣方式設定的目標後，較願意全力以赴，達成預定目標。

6.11 客戶的聲音（VOC）

客戶的聲音（Voice of the Customer，VOC）是一個蒐集客戶意見，分析客戶需求的流程。可以分爲被動收集和主動收集兩種。被動收集是被動接受客戶對企業現有產品或服務的意見，比如客戶投訴、返修紀錄等。主動收集需要主動出擊，通過問卷、訪談等形式收集客戶聲音。

員工主動收集客戶意見時，面臨的主要挑戰在於調查者本身必須受過極好的培訓，需注意以下要點：

1. 合適的調查表內容

題目不要太多，問題的設計用詞要避免誤導被問者、以及讓被問者看不懂使用的評分規則等。

2. 抽樣的方法

多數研究都是採用抽樣調查，抽取部分樣本的資料進行統計分析，抽樣方法包含隨機抽樣（random sampling）和非隨機抽樣（non-probability sampling）。隨機抽樣是指母群體每個樣本被選取到的機會是相同的，非隨機抽樣是指研究者根據自身主觀經驗和判斷抽取研究樣本，每個樣本被選取到的機會不是相同，品管圈活動常會使用非隨機抽樣的方法。

3. 選取的樣本數

基本上選取的樣本數愈多，統計分析結果的推論精確度愈高，實務上員工的工作比較難達成這個要求，因而有對應的做法。例如品管圈活動很難進行上百個樣本數的資料蒐集，所以要求每組至少有三十個樣本數。或是根據問卷題目數量而定，建議樣本人數應爲題目最多分量表中題目數量的3～5倍或5～10倍。

收集到的客戶意見還需要經過整理的程序才能使用，一般會有四個方面的工作要做：VOC還原、歸類、分級、排序。因爲客戶表達的意見有時候不是眞正內心想要的，需要我們對這些意見進行還原，和客戶進行更深入的溝通，多問爲什麼，找出他們內心眞正的需求。對於客戶的需求也不是全盤受理，需要將需求分級，找出必要品質的需求和魅力品質的需求，最後評估重要度進行排序。

6.12 日常工作的圖表工具

許多圖表工具除了出現在日常工作的報表外，也會在各種改善活動中有大量的應用。使用的圖表工具可以分爲以下兩類：

1. 為了清楚溝通資訊使用

透過圖表取代文字的描述，使閱讀者能快速地掌握現況資訊。例如流程圖、長條圖、查檢表、圓餅圖、雷達圖、折線圖等。員工如果能選擇正確的圖表，讓圖表來代替文字和說話，甚至透過色彩對比或創意圖形，吸引觀衆眼球，凸顯想表達的訊息，可以大幅提升溝通的效果。

2. 為了分析數據提供決策

透過圖表工具對數據或文字進行分析處理，做出有事實依據的決策。例如：柏拉圖、直方圖、特性要因圖（魚骨圖）、管制圖、系統圖、親和圖等新舊品管七大工具。分析工具的使用是問題解決步驟的重要基礎，在現況掌握時將工作的數據整理成相應的圖表，分析得到科學的結果後，代替直覺判斷，提供後續步驟的處理依據。

由於電腦軟體的發展，上述兩種類別圖形的使用已經非常簡便，**員工學習的重點要放在了解這些圖形工具在甚麼情況下使用，有甚麼假說或限制**。例如：對於某班學生某次英文考試的成績考慮用長條圖或直方圖來表示時，雖然圖形非常相似，但是意義很不相同。長條圖表現的可能只是合格和不合格的人數，但是若將分數分成等距，用直方圖表示各等距內的人數時，從圖形可以判斷此考題是否難易適中，班上學生間的能力差距是否有急遽的變化。

6.13 MECE技巧

MECE（Mutually Exclusive Collectively Exhaustive）是邏輯思考上的重要技巧。作法是在定義的範圍內，對已經產生的問題與資料，切分合宜的類別，這樣蒐集數據時就不會遺漏。而各類別之間是互斥的，相對的數據就不會產生重複。

在調查問題的現況時，使用層別法並搭配MECE技巧，可以對現狀全體進行不重疊、不遺漏的分類，藉此對問題的現況有更清楚的了解。如果沒有使用MECE技巧來分類，蒐集數據時可能會有彼此混淆的類別或遺漏未蒐集的情況。例如：以行業別調查時，分類爲公、商、農、工、服務業、其它。其中商業與服務業就有重疊，或是「其它」所占比例太高，需要再行細分，或是有完全被忽略未計入的新興行業。例如：自媒體工作者。

所以**MECE技巧最重要的是「以什麼樣的定義進行分類」、「以什麼樣的切入口進行分類」**，可以把複雜的問題，利用樹狀圖，按層次將大問題分割成數個小問題。在不斷進行分解向下延續到更多的問題分類時，問題的眞正樣貌就會愈來愈清楚，不再像是一團相互糾纏、縱橫交結的亂麻。

6.14 八二原則

八二原則又名80／20法則，又稱爲帕累托法則（Pareto Principle）或關鍵少數法則，常跟柏拉圖一起配合。是指80%的問題來自於20%的重要因素，其餘20%的問題則來自80%的普通因素，因此只要能控制具有重要性的少數因素即能控制全局。

開始著手解決問題時，因爲影響問題的因素可能非常的多，我們期望這些問題能有所謂的80／20原則或趨勢，也就是只要聚焦解決掉20%的問題主要原因，就可以解決掉80%絕大多數的問題。所以對問題的現況進行調查時，可以透過查檢表收集與統計缺陷的數據，再利用柏拉圖加以整理，結合八二原則，以不良占整體比率較大的缺點項目來作爲改善的重點，可以收事半功倍的效果。

在持續改善活動中，每次改善只要針對這些影響度較大的主要因素來處理就可以了，其它的因素也不是不處理，而是等到原來的主要因素被消除或降低後，循環幾次八二原則分析過程，整體的問題就會逐漸變少。

但如果是遇到追求零缺陷的問題，或是問題沒有符合八二原則的現象，就不必硬套柏拉圖分析和八二原則，反而應該利用直方圖、關聯圖、FMEA等分析工具，找出所有可能的問題因素。

6.15 失效模式和影響分析（FMEA）

失效模式和影響分析（Failure Mode and Effects Analysis，FMEA）是一種預防式風險管理的工具。在設計產品和系統時，發掘設計流程和生產流程可能發生的問題，預先提出因應的方法，降低發生機率，增加警示功能或是減少其不良影響。這種在設計階段就重視品質規畫，追求第一次就做好，避免後續不斷修正錯誤的觀念，使FMEA不僅適用在工業界，也流傳到其它領域使用。例如政策的實施、醫療體系的流程、行銷方案或活動的企劃等。

分析時可以從產品的各項功能、流程的關鍵點來檢討可能出現的危害，並從人、機、料、法、環五個方面，不斷的探究該問題出現的原因，根據對應的原因給出因應的改善措施和預防控制方式。例如從所處的環境來考量時，動線的規畫、光線照明、溫溼度、空間大小等，這些周邊環境對於這個流程來說會不會有隱患。

在改善專案中，對於追求零缺陷的改善主題，可以使用FMEA盤點各種可能發生的情況和原因。對於新設計的流程或是引進的系統，利用FMEA工具，可以檢討流程中可能的潛在危險因素，事先採取因應作法，減少失敗的風險。

此外，**邀請現場操作人員或是有實務經驗的人員參與FMEA工具的應用討論，使檢討的內容更貼近現實情況**。

6.16 風險處理策略

風險是指一特定危害事件發生嚴重度與可能性之組合。在對應潛在危險的分析工具，例如FMEA工具所顯示的風險時，對策的擬定需要遵循公司的風險處理策略。

風險處理的四種策略分別爲規避、降低、移轉及接受這四種手段，簡要說明如下：

1. 風險規避（Avoid）：藉由停止從事產生風險之活動來避免風險。
2. 風險降低（Reduce）：藉由降低風險發生之機會或其重大性來避免風險。
3. 風險移轉（Transfer）：藉由風險轉嫁來降低風險發生時之損失。
4. 風險接受（Retain）：接受風險的現狀，但對於風險發生之損失需考量如何承受。

不同的公司面對風險時會採取不同的處理方式，**重點是全公司要有共識使用相同的風險管理標準而且符合法令的要求和社會的認知**。例如在使用醫療HFMEA工具時，對於風險評估係數高的項目，不能因爲決策樹分析判定不用執行矯正措施，就沒有任何對策。因爲即使決定接受此項風險，也仍需考量如何承受風險發生之損失。

6.17 限制理論（TOC）

如同木桶理論中，木桶能盛滿多少水，取決於桶壁上最短的那塊木板。限制理論（Theory of Constraints，TOC）主張一個複雜的系統可能是由一系列環節所組成，其中最脆弱的環節，將成爲瓶頸，限制了整個系統的運作。解除了瓶頸環節的約束，將可以大幅提升系統的績效。

對於瓶頸，或稱制約因素，有兩個分類。一個是系統內部的，例如特定機台的產能限制或現場管理團隊的能力，另一個則是系統外，例如原物料供應或人力供給，甚至是當地的政策或信仰。

所以**進行改善的步驟應該是先找到系統的瓶頸，改善瓶頸，突破瓶頸，然後在繼續找到下一個瓶頸，讓系統朝最終目標邁進**。

品管圈活動中，有許多需要以對公司影響程度來評分的場合，主要考慮的不全是金錢效益，最好是以是否爲主要瓶頸或次要瓶頸來判斷。

6.18 集體討論和決策的方法

1. 腦力激盪法（Brainstorming）

腦力激盪又稱爲頭腦風暴法，是一種集思廣益、互相啟發思考點的方法。確認討論的題目後，鼓勵組織成員發表意見，意見越多越好，對於所有意見都不給予批評，並鼓勵成員突破窠臼，往創意、新奇方向思考。最後綜合所有意見，再整理彙整成最後結論。

2. 名目團體法（Nominal Group Technique）

名目團體法是在團體會議中，個人的意見不直接被討論，而是各自寫下答案，貼在會議室周圍。當所有人提完後，將所有意見編號，再刪去重覆的，然後讓每個人選前十名，最後找到綜合排序最高的答案。

3. 德爾菲法（Delphi Method）

德爾菲法又叫專家意見法，是選擇一批熟悉該問題的專家，採用匿名或背靠背彼此聽不到聲音，不發生橫向聯繫的方式發表意見。經過多輪次的循環收斂意見，最後形成共識的判斷結果。做法如下：①確定調查目的，擬定調查題綱，②專家匿名給出意見，③

歸納意見，統計反饋給專家，④專家根據歸納統計結果再次修正給出匿名意見，⑤歸納統計，⑥專家意見匯總多輪次修改後收斂一致，⑦獲得最終結論。

6.19 愚巧法和ECRS改善原則

愚巧法和ECRS工作改善原則被普遍運用在品管圈活動的改善對策中。愚巧法又稱防錯法、防呆法。是運用防止錯誤發生的設計，讓操作者不需要花費注意力，不需要專門知識與高度的技能，也不會失誤的方法。例如利用顏色，或放大標示，使得容易辨識；或加上一些小工具，使得搬運動作輕鬆，或提供安全的警示。

運用愚巧法時，結合斷根、保險、自動、相等、順序、隔離、複製、層別、警告、緩和十大應用原理，積極考慮人性因素，進行以下四個方面的思考，充分發揮創意，預防錯誤的發生。

1. 思考如何使作業的動作輕鬆；

2. 思考如何使作業不要技能與直覺；

3. 思考如何使作業不會有危險；

4. 思考如何使作業不依賴感官。

ECRS改善原則，即取消（Eliminate）、合併（Combine）、調整順序（Rearrange）、簡化（Simplify）。取消原則的具體操作是檢查每個流程或動作，確認其保留的必要性，取消可以取消的部分。合併原則是把一些流程或動作組合起來，或是把在不同部門進行的相同工作合併到一個流程中。調整順序的原則是通過改變工作順序，重新安排流程以改進工作。簡化原則是考慮用最簡單的方法和設備來節省人力、時間和成本，或是用簡單的設備和工具代替複雜的設備和工具。

6.20 任務分解法（WBS）

任務分解法（Work Breakdown Structure，WBS）是配合目標設定或分派任務時的重要工具。WBS分解的原則是將主體目標逐步細化分解，直到最底層的任務活動可直接分派到個人去完成，並且有對應的工作成果。這樣分解的好處是工作項目實際明確，層級分明，權責清楚而且可以驗證效果或目標的達成。

WBS的分解有二種方式：一種是由上而下，另一種是由下而上法，說明如下。

1. 由上而下法（Top-down）

對於有過去成功經驗的案例，可以參考以前的架構範本，採用由上而下法擬定WBS內容，增減所欲展開的活動項目。例如在問題解決型品管圈的對策實施步驟，可以將改善措施細分成各個小任務來實施。

圖6-4：對策展開

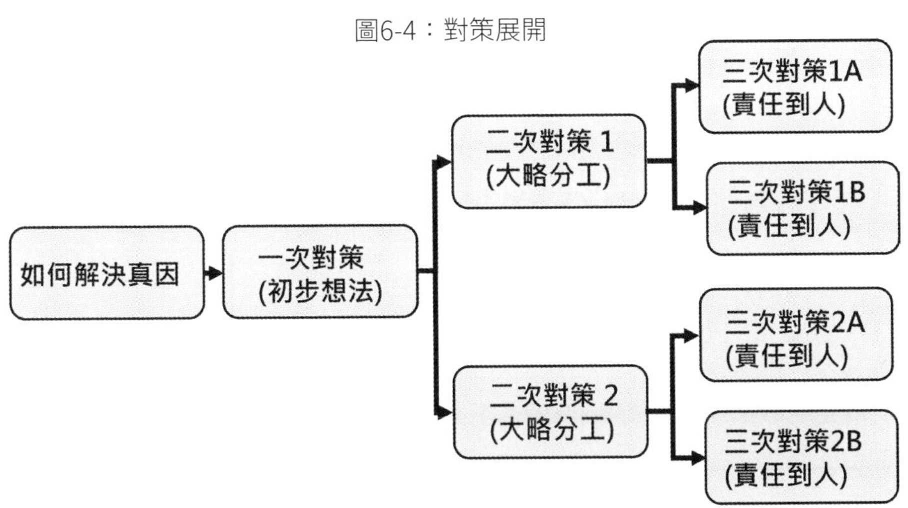

2. 由下而上法（Bottom-up）

將專案所要做的各項活動或任務，分別寫在各自一張張的便利貼上，使用親和圖法，將相近的活動或任務歸屬在一個群組內，直到可以成爲各獨立運作的工作單元。例如在課題達成型品管圈的課題明確化步驟，可以先想出各種解決方案，然後歸納群組標題，成爲候補攻堅點的描述。

WBS結合時間的安排、衡量成果的方法，是設計工作計畫表的基礎。如果能夠善用此項工具，不僅可以清楚分派團隊成員的任務，掌握各任務執行的狀況，同時也可以將資源做適當的調配，有效的進行PDCA循環。

6.21 多準則決策

多準則決策是指決策者面對一些可行的方案（計畫、策略、行動等），考慮多個評估準則時的評估程序。評估的基本構成要素包括方案（Alternative）、評估準則（Criteria）、準則權重（Weight）、評估得分點數（Evaluation score）、方案的總績效評估值（Performance）。

多準則決策法是一種科學化的決策技術，好處在於能夠盡量避免團體決策時完全只依照自己的經驗法則做判斷，而能夠從不同的角度去獨立判斷事情，並且以數學化的方式綜合各角度的看法，最後做出對團隊最有利的決策。品管圈活動常用的有專家評分法，簡單加權法，層級分析法。

表6-2：多準則決策範例

方案	評估準則			
	可行性	重要性	迫切性	總分
方案一				
方案二				

1. 專家評分法（Experts Grading Method）

專家評分法首先根據評價對象的具體要求選定若干個評估準則，再根據評估準則制訂出評估標準，藉由自己的經驗按此評估標準給出各方案的評估分數，然後加總。此法因爲使用簡便，直觀性強，計算方法簡單，常被品管圈圈員所採用。

2. 簡單加權法（Simple Additive Weighting Method，SAW）

簡單加權法先由決策者決定或利用其它方式求得評估準則間的相對權重，再與各準則得分點數相乘，即可得到各方案加權績效值，將方案進行優劣排序後，績效值最高方案爲決策之最適方案。此方法因計算方式簡單多被廣泛應用，但亦有其限制，準則需可量化，且準則與準則間需相互獨立。

6.22 平衡計分卡（Balanced Scorecard）

平衡計分卡是一套管理機制，可將抽象的企業策略，轉化爲一組明確的績效指標，用以衡量、管理策略的執行狀況。就像是汽車或飛機上的儀表板，將設備運作中的各種資訊，統整在儀表板上，提供直觀立即的監督。

平衡計分卡的效用不是只有單純的顯示指標數據，更重要的是引導員工從組織的策略目標，想出達成目標的關鍵驅動因素，最後發展成爲各種關鍵指標，確保員工的工作與創造公司未來財務成果有關。

平衡計分卡使用「策略地圖」來描述企業策略，策略地圖中包括財務、顧客、內部流程、學習與成長四個構面。並找出四個構面與策略目標間的因果關係，讓組織成員了解自己的工作如何互相影響最終成果，員工根據各關鍵績效指標，設定目標值並發展行動方案。

根據平衡計分卡討論出來的指標數常常會比企業經驗或直覺使用的指標數量多，許多新指標需要設計新的表單和數據收集方法，結果讓文書作業大增，員工忙碌在尋找指標證據的小事上，反而忘了指標的目的，所以**各個指標要再經過取捨，成爲眞正的「關鍵」指標**。

6.23 根本原因分析法（RCA）

RCA（Root Cause Analysis，RCA）的核心理念是問題發生時，不要單純的把原因歸咎在操作人員身上，導致人員以太忙，非職責範圍等理由互相推卸責任，應該試著分析整個系統及流程，找出潛在失誤及其根本原因，從而改進系統，避免類似事件再次發生。

許多企業採用RCA程序來制定事件的應變程序，對於突發的異常狀況，除了當下應變的暫時措施外，除非能證明操作人員是蓄意行爲，或是有健康或藥物濫用的情形，或是未按照標準規範操作，問題的原因才能歸咎在個人身上，否則應該進入RCA程序的檢討。

RCA程序包含三大部分：

1. **What**：發生什麼事？嚴重程度？輕微不嚴重的事件不用繼續進行RCA程序，嚴重性的評判標準應該參考公司風險管理的規定事先制定。
2. **Why**：利用WHY WHY原因樹分析爲什麼會發生該事件？
3. **How**：提出改善對策，防範事件再度發生，和如何儘早發現事件的發生？萬一再度發生，如何應變和降低損害？

WHY WHY原因樹分析有以下三個面象，分別爲：

1. **流出源（Escape point）**：又稱近端原因。不斷探討事件發生時，相關的防護措施（What）爲什麼會失效（Why）？可以採取治標的對策（How），透過偵測、防堵或降低損害，被動的應變事件的再度發生。
2. **發生源（Occurrence point）**：針對引起事件的人

或產品（What），不斷深究詢問爲什麼會發生此事件（Why）？每次找出的原因都可以提出改善的對策（How）來降低事件發生機率。

3. **系統源（Systemic point）**：又稱根本原因。從管理系統或流程的觀點（What），爲何無法阻止流出源或發生源所追究出的最後原因（Why）？用甚麼方法（How）提前預防來根除事件的原因。

因爲是從三個面像，通常透過五次的提問原因，就會因覺得無法靠個人改善而停止，所以也稱爲3 x 5 WHY分析。

RCA的做法與品管圈8D步驟相似，差異處是8D步驟進行了更嚴謹的根本原因驗證以及對策試行的步驟，並持續地監控對策的實施效果。

圖6-5：原因樹分析

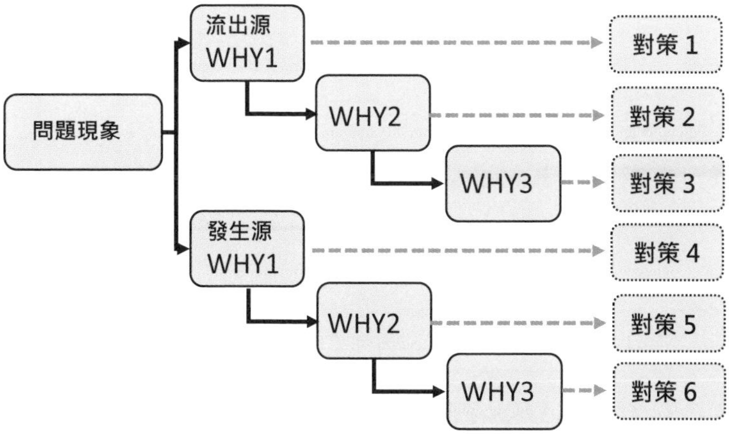

第 7 章
關注企業文化保障員工核心能力養成

7.1　企業文化對核心能力的影響比上課培訓大
7.2　要指定當責單位主動出擊
7.3　要面對可能產生思想衝突的舊文化
7.4　核心價值與企業發展模式緊密結合
7.5　清楚定義價值觀的內容
7.6　建立核心價值與員工的利益關係
7.7　與現有系統合作傳遞價值觀
7.8　設計宣傳內容與方式
7.9　表揚與即時的糾正
7.10　推行計畫的檢討與改進
7.11　高層主管需先被關注

企業文化是大多數員工所共同擁有的價值觀與行為模式，當一群人經過一段時間的互動，就會形成特有的習性和約定，包含觀念、語言和行為。

員工核心能力跟企業文化是相互影響密切相關，例如當主管埋怨員工負面思考，不能當責時，應該要檢討這些現象是否只有發生在某員工身上，如果已經是普遍現象，就表示已經成為企業文化，成為員工的生存之道。

所以要確保員工核心能力的發展，就不能忽略影響企業文化形成的各種因素，推行企業文化的單位和培訓員工核心能力的單位要有緊密的合作。

7.1 企業文化對核心能力的影響比上課培訓大

企業文化對策略執行成果的影響主要是透過對員工核心能力的加成或是抑制。以前沒有核心能力課程的概念時，企業文化決定了員工的核心能力，但是當培訓單位引進核心能力課程時，開始發現某些核心能力課程的內容與企業的傳統文化產生衝突。所以企業在著手提升員工核心能力的同時，也要注意和企業文化的配合情況。

許多培訓單位因爲沒有跟負責企業文化的單位聯手，上課提供了該核心能力的知識和經驗，卻沒想到員工課後應用時會受到企業文化的排斥，所以看不到期望的效果。甚至重金從其他企業挖角過來的高手，在經過一段時間後，表現開始變差，最後跟其他的員工沒有差別，彷彿喪失了核心能力。

TQM專案在進行員工核心能力培訓實驗的初期，發生過員工結束培訓，在經過一段時間後，觀念態度行爲模式又恢復成受訓前的樣子。調查發現員工爲了求生存，會配合組織文化來調整自己的應對方式，形成一種共振的效用，所以**要保障員工核心能力的養成，不能不注意企業文化的內容**。例如：企業主管希望員工勇於任事，不要推諉卸責，問題是這樣的員工能不能在企業中生存下來？

TQM的管理理論中提到企業文化要經過有計畫性的形塑，在公司實施某策略前將對應的價值觀變成員工的共識，成爲所有員工的核心能力，才有機會達到思想統一、方向統一、執行能力統一的期望。當時台積電面臨組織轉型的挑戰，要配合張董事長提出的虛擬晶圓廠的概念，許多企業文化需要進行修改，所以TQM專案也參與了重塑企業文化的過程，讓員工的軟實力成爲公司眞正需要的核心競爭力。

以下分享台積電塑造企業文化的重點，提供各企業文化推行人員和員工核心能力的培訓人員參考。

7.2 要指定當責單位主動出擊

張忠謀董事長曾在2018年的一次雜誌訪問中，提到3W原則是他的經營心法。第一個Who要先找出主要負責的人，第二個What要清楚做什麼事情，最後一個When要訂下目標達成的時間。企業文化的經營也是採用這樣的原則。

2005年他在演講中提到「我所謂的企業文化，要當成公司行爲的典範，而不是隨公司成長自然形成。要由創辦人或執行長制定出來，當成主動出擊的準則，這也是領導者的責任。」

塑造期望的企業文化不是件能短期見效的任務，但也不是要無作爲的耐心等待其自然形成。創辦人或執行長的責任就是「先指定當責單位（Who）」落實這些事情。**所謂當責就是該單位主管需要負起這項任務的成敗，而非找來一群高階主管分配任務後，仍由創辦人或執行長來負起成敗的責任。**

有些企業文化是偏向工作的宗旨，或精神態度面，通常是由經營者所宣示。例如「誠信、創新」。有些則是與員工的行爲觀念有關，例如「要有客戶觀念」、「要有成本觀念」、「要做對的事」、「要追求一次就做好」、「要用數據說話」、「要當責」等，這些都是由相關單位所提倡。

當責單位要「清楚要做什麼事情（What）」，要負責規畫公司各階段應具備的企業文化，統整相關單位想導入的某種行爲觀念，不能隨著媒體和顧問起舞，盲目地模仿其他公司，或任由某高階主管帶來原公司的文化。當責單位要能回答「多數員工目前的行爲習慣」、「多數員工目前的想法是什麼」這類的問題，要主動積極的建立員工共識，有確實的「短、中、長期計畫（When）」，一一達成預定的目標。例如台積電TQM專案的工作目標是實現董事長所宣示的十大經營理念，在推行各種活動任務時，都會明示此活動是實現第幾條經營理念，常有同仁笑稱「TQM人員又來洗腦了」。

7.3 要面對可能產生思想衝突的舊文化

企業文化能幫助公司策略的落實，決定企業的永續發展。雖然非常的重要，但多數公司是在成立多年，踏穩腳跟後才開始思考企業文化的問題。**公司不僅要幫助資淺的員工建立正確的價値觀，更要破除舊的文化所形成的阻礙因素**，導引衆多資深員工和主管們以身作則。所以實施新價値觀前要有企業文化已經雜草叢生的心理準備。

例如當年台積電提出新策略是定位成製造服務業，成爲客戶的虛擬晶圓廠時，如何改變員工十年來已經固化的觀念和管理方式，從「技術提供者」（Technology Provider）變成「最終客戶提供者」（End-Consumer Provider），是非常困難但一定要成功的任務。

因爲員工要從崇拜技術，說服客戶接受既定方案的心態，轉變成服務導向，先了解客戶的需求，尋求幫客戶解決問題的技術；這種觀念的改變，人際間互動方式的調整，無法只靠宣傳或上課，然後期待員工自覺達成。應該要有更務實的方式來解答員工心中的困惑，讓員工相信這不是口號，也不是暫時的活動，是在未來幾年影響員工切身利益的事情。

7.4 核心價值與企業發展模式緊密結合

當責單位推行企業文化的計畫中，首要任務是幫助老闆釐清企業需要什麼樣的價值觀，並給予清晰的定義。雖然常說老闆是決定價值觀的關鍵角色，但是實際上很多老闆無法決定企業核心價值的內容，所以當責單位要召集高階主管和專家與老闆討論。不用訂出很多的價值觀，不用跟風追求潮流，要嚴謹的討論出少數的價值觀成爲企業的核心價值。

企業核心價值觀最好要跟企業的商業模式，競爭力的需求相符，並且有檢討的機制。這種**戰略層面的價值觀會比來源於老闆個性的價值觀更務實且方便員工核心能力的培養，也比較不會因經營者的更換而發生混亂**。

例如台積電的商業模式是晶圓代工，所以要承諾「專注於本業」用「誠信」當核心價值來讓客戶放心，相信台積電不要剽竊或洩漏其設計。用「創新」來要求員工在各細節上做的比客戶自家的工廠更好，吸引客戶把產品外包給台積電生產，所以改善創新能力也是員工要發展的核心能力。

當老闆的個性與企業發展所需要的價值觀發生衝突時，當責單位應該與老闆討論解決的方法。

7.5 清楚定義價值觀的內容

價值觀的定義愈清楚愈容易讓員工了解和落實執行。如果能舉新價值觀與舊有文化衝突的例子，或是幾個新價值觀間容易混淆的例子來說明，效果會更佳。所以，**當責單位要定期的蒐集檢討價值觀衝突的例子，加以解釋或是調整，持續完善價值觀的定義**。

例如台積電的核心價值是「誠信，創新」。誠信講的是對客戶不輕易承諾，一旦承諾便全力以赴。「客戶導向」的價值觀並不代表要隨口答應客戶的任何要求而與「誠信」發生衝突。張董事長也對創新做了解釋，「任何的改變都是創新，鼓勵員工在各方面的創新」。這樣的定義讓創新不限於技術上的突破，而是任何小改善都可以稱爲創新，員工也不會覺得創新是件與他無關的事。

企業宣傳的價值觀若能與員工實際體會的企業文化相同，除了有利於統一員工思想，甚至落實公司策略外，也減少了工作規則的灰色地帶，有利於新進員工融入公司，儘早能獨當一面的工作。

7.6 建立核心價值與員工的利益關係

雖然許多價值觀的用詞與心靈雞湯的用詞一樣，但是引導方法不一樣。一個用利益來綑綁，一個用感動來激發。**企業要先務實的用利益來滿足員工基本的生存需求，將來才有機會慢慢往心靈活動來進化**。

宣傳上要向員工說明核心價值與企業競爭力的因果關係，讓員工了解核心價值會直接影響企業的獲利和員工的薪資。例如將核心價值觀列入績效考核項目，員工要描述曾有過的具體行爲，爭取該項考績和升遷機會。

讓員工了解核心價值背後的利益關係，員工會有誘因去發展相關的核心能力，遇到緊急問題時也不會因害怕違反工作規定，反而做出違反核心價值的事情；這樣的衝突例子常可以在報章網路上看到。

例如：員工爲了確保企業能夠營利，在一些規定上對顧客從嚴解釋，也不願意花時間協助顧客獲得較有利的方案。

7.7 與現有系統合作傳遞價值觀

企業中除了各單位定期的會議外，也存在許多與員工密切接觸的系統和活動。**以借力使力的方式透過這些管道推行新價值觀，會比單純的辦宣導會或各種標語海報來得有效**。例如台積電TQM專案因爲負責許多品質活動和新人培訓課程，與各單位員工頻繁接觸，訊息溝通順暢，所以常被邀請加入新觀念、制度的宣導工作。

另外，現有的制度系統也需要被檢討是否符合新價值觀的內容，並在設計新系統時注意新價值觀的規定。

7.8 設計宣傳內容與方式

書面或電子型式的宣導資料通常只能解釋價值觀的緣由與行爲範例，如果能將符合價值觀定義的行爲描述，轉化成爲**體驗式的訓練教材，會比說服式的宣導方式更有用**。對於各單位主管以及其他幫助宣導的人員，要先經過培訓，熟悉宣導資料，並定期交流宣導經驗。

例如，學習導向品管圈的輔導員要參加企業價值觀宣導人員的培訓，利用品管圈各步驟結束前的檢討時間，與圈員討論圈活動中的行爲與價值觀的關係，以及應有的正確行爲。不用貪求能包含所有的價值觀，只要能讓圈員實際體會到某些價值觀的正確行爲，就能加深圈員的印象。

7.9 表揚與即時的糾正

主管除了宣導價值觀的任務外，還要觀察員工的行爲，並表達自己的立場。對能夠當成典範宣導的行爲，要在公開場合上表揚員工或當成範例說明。對違反價值觀的行爲，要透過提醒、規勸、或處罰，即時明確的處理。除了糾正當事人外，**最重要的是讓其他員工不要產生疑慮，或是僥倖心理**。

注意員工的行爲是否違反價值觀，也是對主管的訓練，讓主管更清楚價值觀與日常行爲的衝擊，釐清自己的疑惑，並能提出更清楚定義價值觀或修正價值觀的建議。例如有些員工或主管把「重視團隊」的價值觀解釋成「抱團禦外」，強調同單位內要團隊合作，以單位的利益爲首要任務，在跨部門的合作案中，常表現出推諉任務的行爲。類似這樣誤解價值觀的狀況，難免會發生，所以推行單位要蒐集這些案例，讓主管將價值觀愈講愈清楚。

主管除了自己關注員工的行爲外，也要鼓勵員工彼此提醒，要求資深員工以身作則並且協助主管注意新價值觀與現實環境的衝突。

7.10 推行計畫的檢討與改進

推行計畫可以遵循PDCA精神，有定期的檢討與改進機制。檢討的資訊可以從各單位主管的反應，和宣導經驗的交流中得到，也可以透過訪談或問卷調查方式得到。例如台積電定期對客戶進行滿意度調查，也聘請外部公司對員工不記名調查，了解企業價值觀落實的程度。

除了檢討推行成果外，也要有檢討改進核心價值觀的安排。尤其隨著產業競爭方式的改變，原先制定的價值觀可能變成不合適，而企業和員工爲了求生存，可能已經演化出非預期的企業文化，形成更多的潛規則。這些都需要務實地去解決，**不要緊抱著不能改變傳統的觀念**，讓員工無所適從。

7.11 高層主管需先被關注

價值觀就像企業的DNA，每個企業都不同，每個人都需要重新塑造學習，跟學經歷背景無關。多數員工的價值觀是可以爲了生存的需求重新塑造的，高層的主管需要比基層的員工優先被關注，尤其是外來的新主管，更應該是重新塑造價值觀的重點對象。

有些價值觀的目的與核心能力相同，都是爲了實踐企業的某個策略。培訓單位要和企業文化推行單位聯手把這類的核心能力找出來，並把高層主管列入這些核心能力課程的先修對象。有些企業甚至要求由這些主管來擔任講師，瀑布式的向下層主管傳授核心能力的內容。例如摩托羅拉公司。

由高層主管帶頭學習這些核心能力，可以確保高層主管的軟實力跟企業需要的核心能力相同，而且不會成爲部屬核心能力的抑制因素。例如企業的價值觀是重視數據，用科學的邏輯來解決問題，但是如果高層主管因爲不懂任何科學的問題解決步驟，仍習慣用自己的直覺、經驗和思維邏輯來處理問題，不僅看不懂部屬用科學的步驟所描述的處理過程，甚至會不耐煩部屬的處理方法，而直接下令採用高階主管自己所想出的對策。這種情況下雖然不會看到兩種問題處理方法的結果對比，但通常可以看到部屬會開始捨棄原來的科學處理方法，配合高層主管的習慣採用主管帶來的思維邏輯。

企業價值觀和核心能力的推行程度都跟員工在企業能獲得的利益有關，推行人員不要抱著員工會爲了企業宣傳的內容而犧牲本身利益的想法，忽略了能分配員工利益的主管階層的影響。所以**主管階層的表態支持不是只有口頭上的宣示**，若能以身作則做出符合價值觀的行爲，或是跟部屬一樣眞正熟悉這些核心能力的內容，更能保證企業文化在預定的方向上發展。

第 8 章
透過8D報告向客戶顯示核心能力

員工核心能力的高低如何判斷？客戶的感覺通常比企業內部的主管更為準確，也反映在訂單、信賴度這些回饋上。客戶的感覺來自於每次跟企業的交易，尤其當產品出了問題，客戶的抱怨需要處理時，企業員工處理的過程就可以讓客戶明顯的感受到員工的能力。

客戶無法接受因為服務的員工是新進人員，所以要忍受一些細節或態度比不上資深人員的說法。對客戶而言，服務的品質應該是穩定的，不應該有資深、資淺人員服務品質不同的情況。所以如果企業的新進人員需要接觸客訴處理流程，需要寫客訴報告，就要先做好相關能力的培訓。

8.1 回應客訴的過程是員工核心能力的直接表現

當有客戶抱怨，客訴事件發生時，員工當下的反應直接顯示了專業技術知識之外的核心能力。當下的反應可能是口頭的溝通或是撰寫客訴報告回復客戶，這時候**客戶要的不是一個頻頻道歉的反應，而是能提出解決方法**，減少或避免客戶損失的回應。此時一個適當的問題解決步驟，搭配員工的核心能力，可以化險爲夷，甚至得到客戶更大的信賴。

8D問題解決步驟是美國福特汽車公司所提出的一種解決問題的方法論，用在生產線上發生品質異常時的通報程序和改善方法，也常被用來做爲回應顧客抱怨的一種標準步驟。本來只在汽車生產和供應鏈廠商中運用，後來隨著各種認證條文中對客訴處理程序要求，8D方法逐漸被廣泛的應用在各產業中。

8D報告是採用8D問題解決步驟撰寫的客訴處理報告，是客戶在投訴問題後首先接受到的回應。以下分享TQM專案對8D報告撰寫人員和客訴系統人員的培訓，發揮員工應有的核心能力，在客戶的抱怨中，積極挽回客戶對公司的信任。

8.2 8D客訴報告與品管圈的寫法不同

許多學員因爲要撰寫8D客訴回應報告，因此詢問與生產線異常通報8D，和品管圈活動中的8D寫法是否相同。嚴格來講的確有差異，原因是閱讀報告的對象不同，各步驟的完成期限也不同，而且要想辦法在報告中重新取得客戶的信賴。例如寫客訴報告時常會有沒足夠時間做眞因驗證，或不知道這些眞因對策該不該讓客戶知道的疑惑，或擔心讓客戶看出一些對策捨近求遠，明顯沒有得到相關單位的配合。所以如果問那些寫客訴報告經驗多的員工，就會得到要把握分寸來寫的建議。

8D報告是客訴過程雙方溝通的工具，除了掌握處理問題的眞實性和時效性外，還要多多體現公司本身管理和品保體系的優越，讓客戶不要因此事件而擔心。所以**寫8D客訴報告比寫異常通報和品管圈的報告還難**。這些撰寫人員除了參加如何撰寫8D報告的課程外，最好要有品管圈活動的基礎，眞正了解各步驟的要點並能區分與8D客訴報告的不同。在遞交報告給客戶前要有專人進行檢查，以免不恰當的報告造成提油滅火更負面的影響。

表8-1：8D報告表

<table>
<tr><td>D1. Use Team Approach</td><td>D1.1. Problem</td><td colspan="3"></td><td>D1.2. Team</td><td colspan="3">Leader: Member:</td></tr>
<tr><td rowspan="3">D2 Problem Description</td><td>Who</td><td></td><td>What</td><td></td><td>When</td><td></td><td>Where</td><td></td></tr>
<tr><td>Why</td><td></td><td>How</td><td></td><td>How Many</td><td colspan="3"></td></tr>
<tr><td colspan="8">(More Descriptions)</td></tr>
<tr><td>D3 Containment Actions</td><td colspan="5"></td><td>Owner</td><td colspan="2"></td></tr>
<tr><td>D4 Define and Verify Root Causes</td><td colspan="8">(Identify all potential causes which could explain why the problem occurred. Isolate and verify the root cause by testing each potential cause against the problem description and test data. Identify alternative corrective actions to eliminate root cause.)</td></tr>
<tr><td colspan="3">D5 Verify Permanent Corrective Actions</td><td colspan="3">D6 Implement Permanent Corrective Actions</td><td colspan="3">D7 Preventive Recurrence</td></tr>
<tr><td colspan="3">(Through pre-production test programs quantitatively confirm that the selected corrective actions will resolve the problem for the customer, and will not cause undesirable side effects. Define contingency actions, if necessary, based on risk assessment.)</td><td colspan="3">(Define and implement the best permanent corrective actions. Choose on going controls to ensure the root cause is eliminated. Once in production, monitor the long-term effects and implement contingency actions, if necessary, Must include implementation dates.)</td><td colspan="3">(Modify the management systems, operating systems, practices, and procedures to prevent recurrence of this and all similar problems)</td></tr>
<tr><td>D8 Congratulate the Team (Team review & Next to do)</td><td colspan="8"></td></tr>
</table>

8.3 寫8D報告前的基礎知識

大部分客訴的原因是因為產品發生了品質變異，而且流落到客戶端被發現，所以客戶要求供應商要立即處理。**8D報告撰寫者採取動作前要先對品質變異的基礎知識有所了解**。

從品質變異的觀點來分類問題的原因，可以分為機遇原因（或稱共同原因、偶然性因素）與非機遇原因（或稱特殊原因、系統性因素）。

1.機遇原因

機遇原因是指原先就存在於製程中的原因。譬如天氣的微小波動、環境的影響、物料在一定範圍內的微小變化、機具設備的正常磨損、員工依據作業標準執行作業的微小變化、或其它未知因素的影響等等。如果製程中只有機遇原因的變異存在，問題的發生是隨機的，不容易從生產數據中識別。針對機遇原因的改善，大都必須要管理階層進行預防或持續改善活動方可解決，而非基層作業人員可以改善的。

2.非機遇原因

非機遇原因是指原不存在於製程中的原因，是出乎意料之外

的。譬如機器突然發生故障、未按照作標準施行工作，使用規格外的物料或品種有誤，操作人員的注意力未集中，儀表失靈或準確性差等等。如果製程中有非機遇原因的變異存在，容易從生產數據中識別。針對非機遇原因的改善，可以經由基層作業人員的努力來解決。

8.4 客戶害怕聽到的消息

站在客戶的立場，他們**最怕聽到供應商回應這是機遇原因**。代表著供應商的製程不穩定，許多因素的影響未控制在一定範圍內。要改善這問題，可能牽一髮而動全身，沒那麼容易。

例如客戶投訴商店的服務人員態度不佳，如果是因爲該服務人員家裡有事，今天注意力不好，這種非機遇原因藉由基層作業人員的教育就可以處理，客戶也能相信將來不會再發生。但是若原因是因爲公司的獎金制度，本來就會讓服務員在服務的過程有不同的做法，卻又沒有辦法讓差別控制在一定範圍內。當某服務員被投訴嫌貧愛富區別對待客戶時，其實可以預料有更多客戶隱忍未投訴的惡劣案例。對於這種獎金制度的缺失，客戶很難相信很快就可以改善回來。

8.5 8D報告聚焦在非機遇的原因

客訴報告最好先聚焦在非機遇原因的調查，盤查哪些應做好卻未做好，應有卻未有的現象。例如某事件的非機遇原因是因爲「螺絲鬆了」或是進一步探究原因是「螺絲型號錯誤」。8D報告應聚焦在本次事件的主因是「螺絲型號錯誤」或是進一步的「沒有使用可以判斷螺絲型號的工具或方法」。至於每次事件都是螺絲鬆了，這是否表示公司未落實保養體系或是採購出了問題，是屬於公司內部持續改善的主題，並不是此次事件的主因。

有些工程師遇到問題時會懷疑有更深層次的原因，因此建議展開內部的改善活動，這是件好事，但如果寫到8D客訴報告上，不見得是恰當。因爲客訴案件對於找出問題原因的時間通常有限制，若供應商能很快的找到機遇的原因，表示「製程不穩定」的現象已經有一陣子了，但是卻等到有客訴案件才能迅速發現回報，反而也透露了該系統所對應的管理監控或稽核系統已經失效或是隱瞞不報。

所以**除非有明顯證據證明是「系統或製程不穩定」的原因，否則建議不要輕易將機遇的原因寫入客訴報告中**。報告中可以寫出只是懷疑，會另外成立改善專案，在報告結案後的後續追蹤時蒐集更多資料，進行嚴謹的眞因驗證，及對應的改善。

其實，客戶如果收到機遇原因的調查報告也很頭痛，不知道是否該把這項缺失，升級成品質體系問題（Major Issue），啟動供應商的稽核或重新認證供應商資格的作業。這些客戶內部的討論不會讓供應商知道，但是下次客戶來稽核時，很可能會從各種8D報告往上追溯品質體系的管理，顯露出對供應商品質管理的憂心。

8.6 好的客訴處理流程是寫好報告的基礎

客訴報告表面上只是在描述某個案問題的處理，其實，客訴報告展現的是供應商整個客訴處理流程，各單位的協作能力；也就是一旦有問題發生時，這個供應商的處理方式能不能信賴，客戶可不可以把後背交給供應商守護。在挑選供應商的過程中，客訴報告常常是稽核檢查的切入點。客訴報告不是作文比賽，如果有嚴謹的客訴處理流程，客訴報告並不難寫。

以下分享台積電TQM專案負責客訴處理流程時的重點：

1. 設立單一窗口並事先成立跨單位應變團隊（主題選定與建立團隊）

客訴的原因很多，不要讓客戶需要自己判斷該找哪個單位投訴。統一的聯絡窗口有利於快速收件並追蹤處理情況。窗口人員收件後迅速回應客戶收件編號，後續的處理流程以及需要的時間，該案件處理人員的聯絡方式，以及處理進度的查詢方法。這些程序可以安撫客戶氣憤不安的情緒，爭取第一印象的加分。

窗口人員的邏輯觀念和應對演練非常重要，要避免答詢客戶時，雖然態度親切卻總是雞同鴨講答非所問的情況。從單一窗口收件，也從單一窗口結案，結案時再度致歉客戶，並詢問滿意度，並統計處理案件的時間，客訴的種類，定期歸納相似的客訴案件，提供品質管理單位更多改善的資訊。

應變團隊要以產品別或產品的缺陷現象事先邀集人員組成。因爲時間緊急而且收件窗口不見得能判斷原因，所以要設計容易分發案件的機制，縮短案件分發的時間。應變團隊平常的演練很重要，可以透過模擬題目或是品管圈活動來加強合作的默契。

這部分是撰寫D1應變團隊名單時的重點。客戶可以對照各種客訴處理的團隊單位姓名，判斷供應商平常是否有準備好的應變小組。

2. 掌握問題的範圍和嚴重性（描述問題與掌握現況）

對於客訴描述的產品缺陷，要快速地追蹤清查生產線正在生產以及已出貨產品中有多少批號有嫌疑。這部分是D2現狀掌握的內容。主要是讓客戶信賴供應商有很好的產品生產紀錄和追蹤系統。例如：某汽車零件出問題後，廠商可以清楚的知道該召回那些車輛檢修。

3. 減少和避免客戶繼續的損失（執行及驗證暫時防堵措施）

客訴發生時，客戶想知道的是他該怎麼辦，以及這事情「現在」怎麼會發生？會繼續發生嗎？換句話說就是你該如何補償我，你們的品檢制度怎麼沒有把好關？所以D3暫時防堵措施的內容要提供減少客戶損失的方法，例如立刻最速補貨，以及如何排查各品檢紀錄，增加查驗力度。

許多客戶會跟供應商約定多快時間內必須回覆D3暫時防堵措施，所以供應商平常要多演練腹案，授權相關的人員能快速的與客戶討論防堵措施。例如許多餐飲業授權一線人員可以立即彌補客戶損失。

與客戶討論好的暫時防堵措施要保持密切追蹤，了解狀況是否已掌握住？是否產生其它的問題？在眞正對策尚未決定前，要持續收集資料監督暫時防堵措施的有效性，不要被動的等客戶第二次的抱怨。

除了客訴8D報告外，其他種報告中也有要撰寫暫時防堵措施的情況。有些人會有疑問客訴8D報告是否應該像生產線異常通報8D中的寫法，討論暫時防堵措施的必要性，是否需要小範圍測試其可行性？下製程的干擾能否減至最低？等問題。其實在撰寫客訴8D報告時，不需要把上述內容寫進報告，這些細項的考慮，只在公司內部進行討論就好。因爲站在客戶的立場，暫時防堵措施的必要性無庸置疑，請現在馬上立刻告訴我該怎麼辦就好，不用報告這些防堵措施是如何產生的。

這步驟的報告會讓客戶看出供應商是否有很好的應變能力，各單位間的合作是否井然有序。

4. 選對工具追究原因（列出、選定及驗證真因）

D4步驟中追查問題非機遇原因時大都會從機器、材料、方法、環境、作業人員著手，建議先採用WHY WHY原因樹分析而不是特性要因圖（魚骨圖）。因爲WHY WHY原因樹分析的手法是根據實際的證據逐層進行原因探討，不是像特性要因圖是由腦力激盪猜測得來。

進行WHY WHY原因樹分析時從三個面象來思考，分別爲：

（1）流出源：不良品發生的過程和各階段檢查時爲什麼防護措

施失效，相關系統爲什麼沒有偵測到或攔截此問題？

（2）發生源：爲什麼會發生此不良產品？是什麼原因？

（3）系統源：從管理系統的觀點，是否無法阻止流出源或發生源所追究出的根因問題？有提前預防的方法嗎？

這步驟要先盤查流出源，然後發生源。建議不要在8D報告中探討系統源的原因，而是依據問題的急迫性與影響程度，另外成立改善小組或是列入改善題庫。

WHY WHY原因樹分析要做的好，要仰賴平時有很好的生產和流程相關的紀錄。如果企業沒有資料可以查詢，此時應用三現原則，到「現場」，「實際的查對」，「相關現象」，一一的排除疑問。不能預設立場排除某些可能性。例如：覺得材料的供應商是知名大廠，所以自動排除對其材料品質的懷疑。

這步驟的處理過程可以讓客戶看出供應商是否有很好的生產過程管制紀錄和問題解決履歷（資料庫），可以根據某個問題的現象，快速從處理過的經驗中，排查是否問題的重複發生。

5. 列出的對策要有創新性（列出、選定及驗證永久對策）

D5步驟是針對D4步驟中WHY WHY原因樹流出源和發生源各層級的原因所做的對策。這類非機遇性問題的原因常與日常作業維護，員工的管理或應變管理有關，選擇對策時通常不考慮會影響生產品質穩定的對策，在工程變更的規定中，常常是不用先經客戶同意的低等級變更。對策如果是加強流程檢查、加強人員教育甚至將暫時防堵措施改爲永久對策，客戶也只能是無可奈何的接受。但如果能有創新的作法，例如運用SPC技術，愚巧法或電子裝置來偵測流程問題或防止人爲疏失，反而能被客戶當成取經的對象。

圖8-1：8D對策

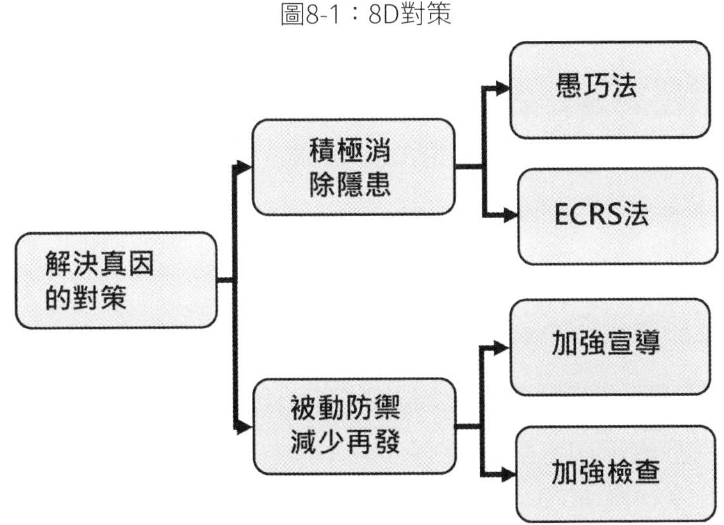

6. 執行對策時要記得檢討暫時防堵措施的存續（執行永久對策及確認效果）

D6步驟除了報告對策執行過程與結果外，最重要的是證明移除暫時防堵措施後可以保證該問題不再發生。暫時防堵措施是對客戶多一層保障但對生產方是增加生產成本，在D6的報告中要通知客戶或與客戶檢討是否要移除該暫時防堵措施。

實務中實施暫時防堵措施與實施對策的常是不同單位，容易忽略取消暫時防堵措施。建議可以將暫時防堵措施以暫時操作規範的形式規定有效日期，並在到期前需要經過審查是否延長日期，來防止暫時措施愈積愈多的現象。

7. 有監督問題是否再發的機制（預防再發及標準化）

D7步驟中除了報告標準化的狀況外，如果能加上如何督導此對策繼續實施，避免問題再發生的措施，會讓客戶更加滿意。例如：列入平時稽核的項目，持續一陣子將各項對策管理指標列入管理會議議題等措施。

品質管理單位要定期檢討並歸納客訴案件，發想各案件間是否有某種關聯，並加以調查數據求證。因為許多非機遇的問題，從單一個案看是無跡可尋，但是連結許多案件一起看，可能發現某種關聯，有某隱藏的原因導致這些問題。

8. 與客戶討論結案的方式（反省，恭賀團隊）

D8步驟中將報告對策實施後持續一段時間觀察的結果，確保當初的問題已經處理完畢。並向客戶通知結案的時間，以及客戶回饋意見的方式。客戶回應同意結案或回饋的意見需通知所有團隊成員，並更改此案件的管制狀態爲結案。

8.7 讓8D報告發揮正向的影響力

從客訴報告中可以看到許多企業管理上的問題，是挑選供應商，進行供應商稽核時最佳的檢查利器。稽核人員可以先蒐集多張客訴報告，從其團隊組成、內容撰寫到執行紀錄，問題是否復發以及是否列入改善題庫，看出該企業品保和技術、生產部門處理突發狀況以及預防問題再發時團隊協作的能力，而此能力是該企業品質管理體系可不可靠的基礎。

撰寫8D客訴報告的人員需要接受特別的訓練，有些企業將此工作侷限在少數工程師身上，雖然可以節省培訓的經費，但失去了教育其他同仁，將服務客戶的觀念和強化品質體系的運作結合落實的機會；其他的同仁仍然只看到關於自己工作範圍的品質體系內容，沒有機會從客戶角度看到整個公司的品質體系。

台積電擷取8D客訴報告的前三步驟成爲日常生產的異常通報單，讓所有生產相關人員都有練習寫8D報告的機會；沒有透過客訴同一窗口接案，而是透過內部生產會議，同樣的啟動第一步驟的應變團隊。這樣的設計不僅讓所有人都能熟悉前三個步驟的撰寫重點，只要再經過少許培訓，就能成爲合格的8D客訴報告撰寫人員，同時也增加了應變團隊的熟練度，提升團隊協作的效率。

心理學家曾指出一種現象，「顧客抱怨」會負向的影響「顧客忠誠度」，若能有效的處理「顧客抱怨」，則會改善其「顧客忠誠度」，甚至比未發生抱怨前更忠誠。當企業發生客訴案件時，不用負面看待這些事件，**若能正確的回應客訴處理情況，並促使內部單位的改革，反而能讓抱怨的客人變粉絲，贏取客戶更大的信賴**。

實踐篇

第 9 章
學習導向品管圈提升學生就業力

9.1　先培訓後招募的模式興起

9.2　學習導向品管圈幫助提高就業力

9.3　解決問題的能力不是只有會分析問題

9.4　習慣職場工作驗收標準是適應力的關鍵

9.5　學生提升就業能力的方法

9.6　學習導向品管圈在學校的實施結果

9.7　學習導向品管圈對學生的訓練重點

9.8　品管圈納入學校教育的好處

我的工作經驗中有七年的時間與新人培訓有關，教新人應對職場上可能的情況，工作績效指標是新人通過其主管的考核，很像汽車教練場的教練一樣。我深深的體會，有關提升工作績效、領導團隊、發揮創意甚至建立人脈等核心能力都不是新人最迫切的需要；新人最急需的是「職場的適應力」，而職場的適應力又與「解決問題的能力」密切相關。這些「職場的適應力」和「解決問題的能力」如果能在就業前提前培養，對學生和公司都有莫大的好處。

先培訓後招募的模式需要學校和企業的配合。對學校而言，除了與某產業合作專業知識課程外，也可以思考聯合數個產業舉辦軟實力課程，提供學生更多就業幫助。

9.1 先培訓後招募的模式興起

因爲科技的進步，機器的智能化讓新人學會崗位技能並不困難，但是會讓**新人無法適應職場，甚至覺得被排擠而離職的原因，是新人無法完成崗位技能之外，主管或同事交辦的任務**；即使新人有很高的情商和人際交往能力，也可能被認定不會融會貫通應用知識或太被動而離開公司。

在第2章曾提到培訓和招募是兩個緊密相依的單位，功能是幫企業擁有期望水準的人才。因爲企業想要新進員工能完成交辦的任務快速發揮工作績效，所以先培訓後招募的模式興起，企業紛紛與學校合作開設課程，提前訓練學生整合各種專業知識，具備解決問題的能力。

2020年3月，台灣陽明交通大學與台積電攜手合作，同步推出「半導體—元件／整合」及「半導體—製程／模組」兩大學程，以培育具有製程實作及就業競爭力的產業專才。完成學程必選修課程的學生，可獲得主持系所與台積電共同簽署頒發之學程修畢證書，畢業後保證台積電正職面試機會。2021年8月，台灣科技大學也宣布與台積電，聯電等17家企業，合作開設半導體產業學分班，師資包含學界資深教授和企業界高階主管，共同培訓半導體高階經營與研發中堅幹部。

企業與學校合作開班，先培訓後招募的模式在2003年時就已經在大陸出現。當時台商建廠約需兩年時間，先招募後培訓的員工很容易被挖角，導致工廠快蓋好時，發現剩下的員工多數是剛重新招募且未經過訓練的員工。台商既然阻止不了員工跳槽，也無法等到廠房完工後才重新招聘和訓練，因此與當地技術園區管理局合作，在學校中開設高新技術產業從業人員訓練班，面向高年級和剛畢業的學生，提前施予職前訓練。當學生修畢學分後，由學校和企業組成的委員會進行審查，面試通過者起薪會優於其他管道錄取的人才。這樣合作的好處是學生提前認識各企業的主管老師，了解企業的管理要求，老師也有較長的時間觀察學生的秉性，更精準的挑選企業需要的人才。

9.2 學習導向品管圈幫助提高就業力

台灣產學合作的模式聚焦在培養學生某產業的專業技術能力，經過實習的安排讓學生將各方知識整合運用，提升就業後的專業技術能力。台商在大陸開展的產業從業人員訓練班，無法聚焦在某產業的專業技術能力，而是著重在新人進入職場後應具備的觀念態度和知識技能，也就是就業後的「適應力和解決問題」的能力。台商的培訓目的是讓當地的職工容易接受主管的管理方式，減少不同文化背景和成長世代產生的管理問題。

當時我負責教授問題分析與解決的步驟方法，採用學習導向品管圈的分組學習模式，讓各小組選定主題後，隨著問題解決步驟的展開，教導學生如何使用品管工具解決問題，並應對職場上可能遇到的情況。學生半年後參加各公司的面試會，從後來各班級應聘的結果，發現學習導向品管圈訓練中表現優異的學生，有非常高的錄取成績。經詢問這些公司的招聘人員得知這些人勝出的原因，通常是因為在面談時的沉穩表現和良好的應對內容，讓招聘人員覺得應該待得住工作，甚至有些學生邏輯清楚，有條有理的表現讓人看不出來是社會新鮮人。

招聘人員用就業力來解釋，**就業力包含「被錄取」和「待得住」兩個階段的能力，做事的邏輯思考能力是被錄取的加分項，適應能力是待得住的重要因素**，這兩項因素都跟學習導向品管圈的學習模式相關。學生從品管圈活動中學會了如何處理問題，從老師的管理要求和組員的互動中，事先習慣了未來職場的管理模式；這兩項能力讓學生可以通過招聘人員提出的各種情境題目測驗，增加了被錄取的機會。

9.3 解決問題的能力不是只有會分析問題

解決問題的能力是企業高度重視的員工核心能力，許多公司從先招募再培養的傳統做法，逐漸變成希望應徵者就有相當的能力基礎，因此成爲就業力的主要項目。

解決問題的能力包含分析問題的思考邏輯以及對職場行爲規則的掌握。**思考邏輯清楚的人會被認爲是「聰明的人」**，例如會正確的收集數據，分析原因，想出對策。而**能表現出正確應對方式的人被認爲是「機敏的人」**，例如知道如何釐清任務內容、如何報告、請求協助、感謝別人幫忙。一個任務或問題能被妥善的解決需要兩者兼具，而且後者比前者重要，因爲後者跟適應能力有關，是能融入職場的能力。所以職場上常聽到資深人員會說：「你不懂或犯錯都沒關係，但是態度姿勢要擺正」，或是「要學習做事也要學會做人」。

許多影視劇情中常看到某位技術高手能夠獨自輕鬆地解決各種問題，卻不善於與人相處，無法融入職場生活。對許多企業而言，這種人才的解決問題能力只能算是專業技術頂尖的表現，並不是組織需要的員工核心能力。

9.4 習慣職場工作驗收標準是適應力的關鍵

新進人員能快速融入職場，被其他同事接受，是因為能完成崗位技能之外的任務。新人的任務不是大的專案，通常是日常工作中「主管或同事交辦的小事」。

完成交辦的小事很難嗎？對剛進入職場的社會新鮮人的確不容易。**因為職場和學校對於完成任務的認知不一樣，所以學生不懂職場對於完成任務的驗收標準**。這種認知上的差距會讓主管和同仁難以忍受新人連簡單的事情都做不好，新人也容易產生離職的想法。

例如即使只是簡單的影印文件，主管的驗收標準也會比學生幫教授影印文件的標準高，命令不見得比教授說的清楚，但是脾氣會比教授大。此外，學校作業也只看結果，不會考核過程中學生的觀念態度和行為，但是職場的工作會全部納入考核。新人在這種簡單的任務上受到責難，比在困難的任務上被罵來的痛苦，挫折感更大；也容易把主管對於觀念態度方面的糾正，當成是挑剔找麻煩，覺得受到不公平的待遇和排擠。

習慣職場工作驗收標準的能力與學歷成績高低無關，很多表現突出的新人，是因社團、打工等生活經驗所累積的能力，尤其是在快速摸清楚新環境行為規則的挑戰上，常比埋首書堆，缺乏社會經驗的新員工優秀。職場的適應能力甚至比專業能力重要，因爲被企業錄取後卻很快離職的紀錄，招募人員很容易查詢得到，對應徵者的履歷是很大的傷害。

9.5 學生提升就業能力的方法

2012年張忠謀董事長在輔仁大學演講時，明確指出學生在大學中學到謀生技能是第一要務。這個謀生技能不是指就讀的科系是否熱門，而是指能創業或是被公司錄取，而且能讓工作成果通過客戶或主管驗收的就業能力；畢竟如果不能在職場存活，就讀的科系再熱門也沒有用。所以包含「被錄取」和「待得住」兩個要求的就業能力是學生在校期間要努力培養的軟實力。

培養就業能力有以下四個管道。第一個是生活的歷練，第二個是參加企業的實習，第三個是學校提供培訓的機會，第四個是自己揪團進修與實踐。

1. 生活的歷練

家庭經歷、社團活動和打工經驗都會提升個人處理問題的能力和習慣不同的工作驗收標準，但是這些經驗中難免參雜了很多不好的觀念，需要學生自己多加省思留意。

2. 企業的實習機會

企業實習時會接受計畫性的培訓安排，熟悉機器操作或是參與簡單的問題解決任務。可以接觸實際的問題，提升專業技術能力，也可以體會到企業對工作成果的要求。

實習的機會很難得，學生要把握實習時的學習重點。有些人以爲到企業實習的重要收穫是提前接觸先進設備，其實不然；因爲實習生接觸不到重要的設備，將來任職的公司也不一定採用實習時接觸過的設備，所以學生到企業實習的重點是提前體會職場的工作氣氛和要求。實習時應該要多找機會爭取做一些雜事，請教員工處理這些小事的注意事項，也就是學習如何「完成主管或同事交辦的任務」，千萬不要只聚焦在專業技術和設備的學習。

3. 學校提供培訓的機會

學校可以透過業師模擬企業的管理要求，提供問題，教導企業常用的問題解決步驟，提前培訓學生問題解決的能力和職場的適應力。這類的培訓重點不是在專業技術，而是在學生軟實力的培養，所以不限科系，也不用煩惱沒有主題可以探討。

4. 自己揪團進修與實踐

對於沒有上述機會的學生，可以關注社會上「問題分析與解決」的課程訊息，選擇有實例演練輔導的課程才有效果。或是學生也可以找幾個同學一起研究本書，參考書中推薦的知識和行爲技能，揪團主動尋找老師來輔導。

就業力很重要，但目前還不是教育體系明定的責任，所以學生與其被動的期望外界提供培訓，不如主動尋求學習的機會，確保畢業前能有相當的就業能力。

9.6 學習導向品管圈在學校的實施結果

我從台積電TQM專案的培訓實驗，看到學習導向品管圈的培訓方式幫助新人成功通過主管和同事考核的比率，遠高於以前大量但零散的課程訓練結果，一年內的離職率也大幅下降；也從大陸的職前能力培訓班看到這種培訓方式可以提升學生的應聘成績。面對這樣的差異，我常思考，台灣學校是否能採用這種培訓方法，提前培養學生具備職場的就業能力呢？許多沒有機會到企業實習的學生，也能接受到企業相同情境的磨練。

2006年我從大陸回新竹台積電上班，發現當時社會上已經有很多呼籲學校解決產學落差，學用落差的聲音，2009年時元智大學許士軍教授以「爲什麼專業教育必須放棄學系結構」爲題發表演講，呼籲大學教育打破系所隔閡，以整合性學程取代單一專業學系的設計，使學生應具備跨領域能力。這個訊息促發了我想在學校進行學習導向品管圈實驗的想法。

2010年秋季我與新竹交通大學GMBA的教授合作，展開爲期一年的實驗。GMBA的全名是Global Management of Business Administration，中文是企業管理碩士學位學程。招收具全職工作經歷和英文能力的學生和外籍生，所有課程皆是英文教學，爲期兩年。我向教授提案中指出，職場解決問題時相關的知識技能雖然是跨領域，但通常只是各科目的基礎知識，學生缺乏的是在眞實的情境下練習的機會。所以選擇一些有興趣的本籍生和外籍生加入學習導向品管圈的實驗，以處理實際問題的方式，定期接受我情境式的輔導，學習應對各種可能的職場衝突，半年後就可以對照學習前後的差異。

實驗的結果令人滿意。因爲這些學生都有工作經驗，過程中紛紛回饋親身經歷的職場問題，更能體會分析出新做法對個人能力成長的好處。除了提升解決問題的分析能力外，也覺得更懂得和主管同事溝通，透過團隊完成任務。

2012年，我透過成立即戰力社團的方式，召集有興趣的大學部學生參與實驗，經過一學期的定期開課與檢討課後作業，覺得這些學生的軟實力已經達到台積電工程師的核心能力合格標準。以下舉例學校品管圈活動中對學生的職前訓練重點。

9.7 學習導向品管圈對學生的訓練重點

學習導向品管圈的訓練重點不是學習某行業的技術知識去解決某公司的實際問題，而是模擬職場情境和管理要求，在解決問題的過程中，傳授學生在企業應有的觀念態度，行爲和思考邏輯，成爲聰明且機敏的人。讓學生進入職場後能妥善地完成主管或同仁交辦的任務和工作上突發的問題。例如下面各點：

1. 一次就把事情做好的觀念

新人被批評最多的是「不用心」，主管或資深同仁要幫著挑出錯誤，重做原先的任務。這些錯誤不是因爲能力上的不足，通常是個人的疏失。例如將報告的數據統計錯誤，或遺漏許多空格未收齊資料。

原因可能是學生習慣交出作業後，由老師看滿意程度給各等級的分數。不管怎麼樣，多數能過關，就算不過關，也是給學生修改或重做，更不會剝奪其上學的機會。但是職場上的任務，即使是簡單的報告，主管只給合格跟不合格兩種分數。一旦不合格，通常會指定別人去做，連重做的機會都不給了。

2. 描述現況與蒐集數據的能力

大部分新人的工作是迅速回報問題，現場蒐集數據，整理報告等跑腿聯絡。這些簡單的工作就涉及了如何精簡的報告，熟練地使用辦公室軟體，可以自來熟的跟別部門員工接洽事情。

這些是學校作業沒有教的事，所以新人可能長篇大論寫了無關緊要的事，花別人數倍的時間在統計數據做報告，在陌生的環境時，沒有資深員工陪伴，就寸步難行。

3. 獨立客觀分析問題的能力

雖然主管對新人分析問題的深度並沒有太大期望，但卻認爲是必要能力。因爲新人常需要代替資深人員在現場值班，遇到問題時，要知道如何去釐清原因，以便後續行動。例如：機台突然停止動作了，首先要去釐清有沒有失去電源。如果電源指示燈仍亮，該如何處理？如果指示燈不亮，又該如何處理？不管哪個單位的工作內容，都常有需要自己獨自判斷分析的時候，資深員工不喜歡頻繁求救卻不動腦的新人。

學校生活較單純，獨立分析問題的機會很少，討論時也多數是在缺乏數據佐證的情況下，依個人的好惡或意識形態來推論原因。進入職場後，凡事要講證據，不能陰謀論，要有獨自客觀判斷的能力。

4. 找尋更好工作方法的能力

新人在經過一段時間的培訓後，就開始要獨立的處理工作事務。主管和同事的標準會從「儘快熟悉工作」，變成「儘快完成工作」，不要拖累其他人。主管不喜歡看到「靠加班」來完成工作的方式，更喜歡「會動腦」找尋更好工作方法的員工。

學生在求學過程中，多數相信成功要靠恆心毅力，較少去注意做事的方法更爲重要。忽略了如果能用對的方法，一次就把事情做好，何必要用不好的方法，屢敗屢戰百折不撓呢？進入職場後，要相信「凡事有更好的方法」，主動積極地透過網路資訊、前輩經驗或書籍課程，尋找各種改善工作的方法，提高自己的效率和效果。

5. 提出務實且周延計畫的能力

職場上對策的選擇常需要多方的考慮，分析利弊得失，選出最適合的方案。任何計畫要先考慮可能發生的阻礙、副作用，如何因應等措施。例如團體出去旅遊，要考慮天氣因素，團員錯過集合時間，團員受傷等因素。不能太理想化的覺得大家都會遵守規定，都能順利的完成所需配合的事項。

學校作業中的變數都是固定且不會超過教學範圍，學生沒有經歷不斷變化，甚至事與願違的情況。討論計畫時偏重在創意的表現，缺少對實際執行困難的認識。在職場上一旦被別人提出疑問，就會有挫折感。

9.8 品管圈納入學校教育的好處

1998年台積電張忠謀董事長在交通大學開設的十二堂課程中，曾提出對履歷表的忠告。指出寫「**做過什麼事情**」**比經歷過什麼職務來的重要**。所謂好兵來自於戰場上的磨練，張董事長主張職場能力最好的訓練方法，就是給他事情，也給他責任。

現在許多學校都已經安排跨系所和跨領域的課程，讓學生有融會貫通各領域知識的機會，缺乏的是課堂外以職場情境實際處理問題的練習。建議學校可以透過品管圈活動，讓學生練習將理論應用到實際問題上，在過程中學習職場員工互動的方式。改善的主題可以從校園或社會中取得，不必非得由企業來提供。最主要的是要有業界基層工作經驗的老師來扮演輔導員（業師）的角色，將職場對新進人員能力和行爲的要求，設計成學習計畫在活動中不斷練習。

中衛發展中心林清風老師是台灣品管圈活動最資深的指導老師，2000年時在其《活化團結圈推動指引》的書中就建議將此團結圈（即品管圈）活動納入學校教育，從小培養學生的改善意識，團隊意識和問題意識。

透過品管圈有系統的訓練，將會比讓學生自行打工實習，更能「有效率」且「正確」的建立進入職場的即戰能力，以及在履歷表增添許多有價值的做事經歷。進入企業後，也能比其他學校學生更快適應職場環境，發揮工作績效。

第 10 章
學習導向品管圈的實施程序

10.1 改變核心能力培訓方法的步驟
10.2 實施學習導向品管圈前的準備工作
10.3 請單位主管準備學習導向品管圈的題庫
10.4 請單位主管挑選受訓的圈員
10.5 請單位主管指派品管圈主題
10.6 請單位主管選擇問題解決方法
10.7 培訓單位安排合格輔導員和課程講師
10.8 請輔導員簡化問題解決步驟報告內容
10.9 請輔導員規畫「圈員能力提升計畫」的內容
10.10 與輔導員討論輔導的進度
10.11 請輔導員設計圈會的輔導方式
10.12 培訓單位執行過程與成果衡量
10.13 學習導向品管圈成效的驗收與檢討

TQM專案的培訓實驗改良了核心能力課程的開課方法，並提出學習導向品管圈的創新培訓做法。這些方法對於培訓單位人員可說是一種變革，顛覆了許多人多年根深蒂固的認知，所以引進時要採取低調的策略，不要貪功冒進。

導入的過程是學習新觀念、新做法，培養種子人員以及建立參與單位主管和培訓人員合作默契的經歷考驗。要先設想困難點和障礙，提出因應的做法，取得主管的支持，耐心的一一克服抗拒的力量。

10.1 改變核心能力培訓方法的步驟

員工的觀念和能力常是許多創新作法實施時的軟肋，TQM專案要將新的培訓方法正式推廣時也遇到原來的培訓單位人員無法配合的問題。因爲當時核心能力課程的比重和重要性都仍小於一般的課程，培訓單位的績效指標不會修改，也因而造成培訓人員的觀念態度和開課方法不會有所變化。台積電的處理方式是另外成立新的培訓課專門負責核心能力的課程，歸屬於TQM專案管理。這種處理方法我後來在其他企業也曾發現，有些是將核心能力的培訓人員另外放在總管理處，有的是由總經理特助來管理。

改良後的核心能力課程不再是單純的找老師來上課，並進行課堂分組學習，課程結束後就代表員工有核心能力；新的培訓方式需要培訓單位與學員主管更密切的合作，有系統有計畫的實施課程並追蹤課程效果。

爲了降低對培訓單位人員的衝擊，我在輔導企業進行核心能力開課方式的改革時，都再三提醒**遵循下列步驟：1. 設定階段目標；2. 小規模實施；3. 培養種子或內部講師團隊；4. 塑立成功典範；5. 標準化後逐步展開**。

例如核心能力的課程不必全部改爲新的開課方式，而是選擇一兩門課程試行辦理，然後再逐年增加。若是引進學習導向品管圈培訓法，就先針對新進人員或資淺的員工，找一兩個部門配合，有些經驗後，再陸續找幾個部門加入，增加輔導員和講師人數，並邀請主管分享經驗。

10.2 實施學習導向品管圈前的準備工作

「問題解決能力」和「團隊協作能力」是兩種獨立的核心能力，如果想要融合在一起成爲新的能力，TQM專案提出的學習導向品管圈是非常有效的學習方法。學習導向品管圈不僅把相關的知識、工具和觀念態度課程融合在一起，也把檢驗圈員能力的方法明確化，可以讓提升員工核心能力的課程效果變得有跡可循。不僅適用於新進人員的培訓，也適合資淺和資深員工的培訓。

學習導向品管圈的實施需要培訓單位聯合核心課程講師，員工主管和品管圈的輔導員一起制定實施計畫。所以要先做好以下準備：

圖10-1：相關單位的密切配合

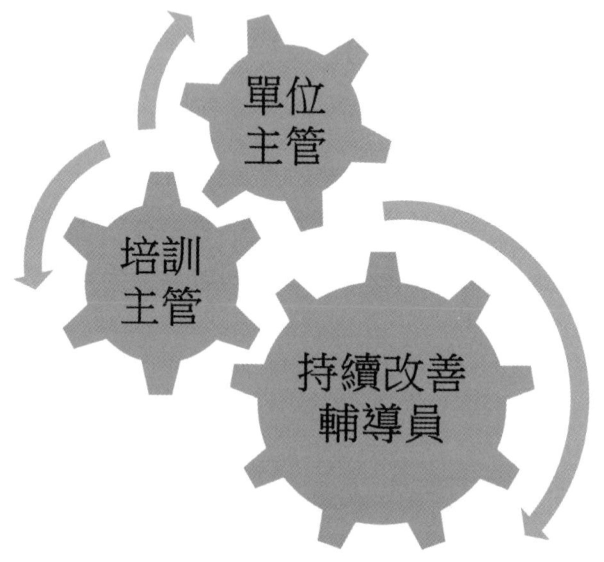

1. 培訓主管，參與的單位主管和輔導員先**一起研習學習導向品管圈的觀念和做法**，了解自己在過程中的功能與任務。千萬不要又聚焦在解決問題，想要創造改善效益，跟任務導向品管圈的做法混淆。

2. 單位主管整理對員工觀念態度和行爲的期望內容，提供可以驗證的方法和標準。這些期望的內容可以參考單位日常管理常見的問題和員工個人發展計畫。將以上相近的內容歸納在一起，標示相關的情境。例如在某種情境時，希望員工有哪些行爲表現？

3. 對參與課程的輔導員給出承諾與要求，不能再用「義工」的觀念來要求輔導員盡責完成任務。培訓單位要連接公司已經可以配套的制度，例如考績加分，或是修訂臨時辦法給予獎勵措施，例如獎金、獎狀等。明確的跟輔導員說明權責義務，以及中途退出的處理方式。

4. 另外取名成爲訓練計畫上的一門新課程，避免跟舊的「問題分析與解決課程」或「品管圈課程」重複，造成已經上過課的同仁感到疑惑。例如可以另外取名「問題解決實務進修」班，強調這是採用「做中學」的教學方式，用分組運作的方法，透過解決實際問題，從而學到各種能力。所以「問題分析與解決課程」或「品管圈課程」是屬於基礎理論課程，「問題解決實務進修」是屬於實做的課程。

5. **將課程依內容的深淺度分級**。因應員工需要隨年資數次參加不同主題難度的品管圈活動，採用的問題解決方法困難度不同，需要的知識工具也不同，建議課程名稱依內容深淺度進行分級，例如：問題解決實務進修（一）、問題解決實務進修（二）等課程。課程分級的好處除了適應不同年資員工的需求外，也有利統計各單位員工能力的分配情況，成爲許多政策實施的依據。

建議課程分級用數字，不要用初、中、高來分級，因爲用數字分級，可以無限擴充課程。做好上述準備工作後，培訓單位可以選定某些員工試行學習導向品管圈的培訓方法，實施程序如下所述。

10.3 請單位主管準備學習導向品管圈的題庫

員工的任務可能來自公司策略方針的計畫，日常作業的管理，提升績效的改善活動，同仁的提案建議或各種稽核活動的矯正措施。其中偏向於重要不緊急和不重要不緊急的項目，適合選出來當學習導向品管圈的主題。方法如下：

1. 先排除上級交辦的任務和外部客戶的抱怨處理

這些通常是企業經營活動中迫切須要解決的關鍵問題，作爲一項必須限期完成的任務，有形成果比無形成果重要。

2. 其次排除需要在二個月內完成改善的題目

學習導向品管圈須要紮實完成各步驟，二個月的時間可能會讓圈員工作與學習壓力大增，導致沒有完成各步驟的課後作業。

3. 決定管理指標與改善題型

管理指標（特性值）是指可以衡量、用數字來表達主管對該任務成果最重視的關鍵字。例如來客數、營收、利潤等。決定管理指標後，可以依據現況數據，或問卷調查，大略判斷與期望的目標數據差距多大，進而決定用問題解決型或課題達成型來進行培訓。

4. 給予主題名稱，列表建立成題庫

主題名稱要淺顯易懂的敍述要做什麼？達到什麼目的？主題題庫欄位爲：動詞 ＋ 改善的主體 ＋ 管理指標。例如：降低 ＋ 來店客人 ＋ 候餐時間。以及導入 ＋ 藥房自動配發系統 ＋ 專案成功的標準。

10.4 請單位主管挑選受訓的圈員

主管選擇部屬參與此梯次培訓，單位內單獨組圈或是與其他單位聯合組圈。**組圈時以六至八人組成最恰當，圈員的年資差距不要太大**。若由資深人員組成的圈，圈長要選擇有威望或主管職務的人員擔任。若多數爲資淺的人員，圈長選擇有領導能力的人員擔任。若主要是由新進人員組成的團隊，建議選擇其中較熱心活潑的人員擔任圈長。圈長在活動中須要起帶頭學習的作用，是未來輔導員或是儲備幹部的最佳候選人。

10.5 請單位主管指派品管圈主題

根據圈員崗位工作常需處理的問題與對圈員的能力判斷，主管從之前建立的題庫中，選擇合適的活動主題，或由TQM人員提供。**合適是指能加強圈員現階段能力，並提供未來發展的潛力，不是爲了能快速有效的解決問題而做的考量**。例如：

1. 適合新進人員的主題

新進人員最需要熟悉環境，跟基礎的行爲規範。所以要選流程簡單，數據齊全，甚至可以直接猜到原因和對策的主題。

2. 適合資淺人員的主題

資淺人員需要加強邏輯分析，跟整合各種意見的能力。所以要選流程範圍稍大，但數據不全，原因未明，將來可能要制訂新管理辦法的主題。

3. 適合資深人員的主題

資深人員需要加強跨單位協調，計畫和細節的管理能力。所以要選流程牽涉單位多，需要別單位配合實施的主題，例如各單位互相推諉長久解決不了的老問題，或是新創流程，需要各單位配合改變做法的新系統。

主管需通知該品管圈圈長和圈員受訓的時間和圈的主題，圈長在輔導前就開始對該主題的現況進行了解，以便與主管討論改善的目標值。例如管理指標的現況數據。

10.6 請單位主管選擇問題解決方法

品管圈的問題解決方法常使用的有PDCA、QC STORY、8D和六標準差的DMAIC。主管根據單位的需求來決定採用的步驟方法。例如：如果公司使用8D步驟來撰寫客訴報告，那麼品管圈活動就統一採用8D問題解決方法較爲省事。如果想將優良案例參加公司外部的競賽，例如醫療界的醫品圈大賽，那麼採用QC STORY，與其它醫療單位相同，以減少困擾。如果只是單純的執行某個提案內容，可以採用PDCA方法就可以了。

上述這些方法的精神內容大都是一樣的，8D問題解決方法與QC STORY最大的不同是8D增加了執行及驗證暫時防堵措施的步驟。這是描述緊急情況下如何應變處理，或是遇到客訴時，員工應該採取哪些方法來降低或避免客戶繼續遭受損失。學習導向品管圈的主題因爲不是緊急的案件，所以若使用8D問題解決方法時，將省略此暫時防堵措施的步驟。

10.7 培訓單位安排合格輔導員和課程講師

每個圈都需安排一位輔導員，輔導員可以同時輔導多個圈。除了要幫忙圈員找到對的解題方向，指引學習相應的知識，發揮觀察力，因應各圈員的不同特性，協助圈員克服活動中的衝突困難外。對新進人員而言，更是職場行爲的好導師，工作經驗的傳承者。

培訓單位請輔導員根據要解決的問題，列出圈員需要的課程名稱，彙整成核心能力課程的開課計畫，並安排相應的講師。

台積電在培訓輔導員時，常鼓勵其接受內部講師的培訓，使品管圈相關的知識課程多數能在各輔導員的支援合作中，圍繞活動的進度完成開課。

10.8 請輔導員簡化問題解決步驟報告內容

品管圈被詬病成寫八股樣板報告的原因是未依實際情況調整報告的寫法。不管大小題目和圈員的程度，全都採用同一種報告模式，導致許多圈員因爲找不到相關資料而困擾。例如要求圈員進行財務效益分析。

學習導向品管圈**對報告的要求是以不增加圈員太多的撰寫報告時間來考量**。所以對於新進人員和資淺員工組成的品管圈，採用較精簡的問題解決步驟，例如沒有眞因驗證和對策試行，也沒有候補攻堅點的擬定和阻礙、副作用的考量。對於資深員工組成的品管圈，才採用與外界競賽相同的詳細步驟要求。

10.9 請輔導員規畫「圈員能力提升計畫」的內容

輔導員在活動開始前，針對圈主題，問題解決方法和改善的題型，擬出各步驟可以學習的課程知識，使用的工具和可發展的能力。和主管討論圈員應提升的能力項目和目標，安排時間對圈員進行能力測驗，例如品管工具手法運用、團隊合作、溝通協調等。篩選要學習的項目以及內容的複雜程度，設計每個步驟要學習的行爲，以及驗收成效的方法，最後彙整成爲「圈員能力提升計畫」的內容（表10-1）。

初次設計「圈員能力提升計畫」時會因爲不熟悉而感到困難，但是後續的品管圈都可以參照之前的提升計畫稍加變動即可。培訓單位彙整各品管圈「圈員能力提升計畫」的內容，可以成爲該季度核心課程開課時間的依據，並透過品管圈各步驟的評估方法來驗證核心課程的成效。

表10-1：圈員能力提升計畫（以新進和資淺員工爲例）

步驟名稱	各步驟使用的知識和工具	可以發展的能力	可以學習的職場行爲	可以培養的觀念	評估方法	輔導時間
現狀把握	VOC理論，MECE技巧，八二原則，層別法5W2H，流程圖，查檢表，柏拉圖	描述問題重點，系統思考，數據蒐集能力	清楚報告問題，畫出工作流程，設計蒐集數據的查檢表和調查方法	三現原則，以事實爲依據的原則	筆試和實際演練	第二次輔導

10.10 與輔導員討論輔導的進度

輔導員若一對一輔導某品管圈時，可以依活動期限、主題難度、圈員能力來決定輔導進度。但是若同時輔導數個品管圈，尤其有不同的問題解決方法和題型的品管圈時，就需要將相同的步驟內容安排在同一時間，有效率的進行輔導。例如問題解決型與課題達成型各步驟之間可以找到相似的內容，而放在同一堂進度來輔導。

輔導進度可以配合培訓課程實施時間，資料收集的方便性，以及主管檢查並提供決策意見的時間點。例如提前一個步驟讓圈員討論蒐集哪些數據以及如何收集數據，然後在下一個步驟就可以直接進入檢查數據，分析數據的步驟。另外，找出的對策若要試行驗證對策的有效性，也須要先經過主管同意。輔導的進度需要務實的配合主管的檢討進度以及圈員的工具應用能力，使品管圈的各個步驟內容都在主管和圈員的能力掌控之中。

表10-2：新進人員和資淺員工品管圈的輔導規畫

輔導進度	QC STORY問題解決型步驟要求	8D問題解決型步驟要求	QC STORY課題達成型步驟要求
一	步驟1. 主題選定 a. 組圈 b. 分派任務職責 c. 決定主題 d.討論如何提升圈員能力 e.討論數據蒐集項目 f. 討論蒐集數據的方法 步驟2. 活動計畫擬定	步驟1. 主題選定與建立團隊 a. 組圈 b. 分派任務職責 c. 決定主題 d. 討論如何提升圈員能力 e. 討論數據蒐集項目 f. 討論蒐集資料的方法 g. 活動計畫擬定	步驟1. 主題選定 a. 組圈 b. 分派任務職責 c. 決定主題 d. 討論如何提升圈員能力 e. 討論調查項目 f. 討論蒐集資料的方法 步驟2. 活動計畫擬定
二	步驟3. 現狀把握（上） a. 問題的描述 b.蒐集和整理數據 c. 分析數據	步驟2. 描述問題與掌握現況（上） a. 問題的描述 b. 蒐集和整理數據 c. 分析數據	步驟3. 課題明確化（上） a. 問題的描述 b.蒐集現況水準數據 c. 期望水準的決定
三	步驟3. 現狀把握（下） a.選擇改善點（柏拉圖前幾項） 步驟4. 目標設定 a. SMART定目標	步驟2. 描述問題與掌握現況（下） a. 選擇改善點（柏拉圖前幾項） b. 目標設定（SMART定目標）	步驟3. 課題明確化（中） a.計算望差值找出改善點 步驟4. 目標設定 a. SMART定目標

輔導進度	QC STORY問題解決型步驟要求	8D問題解決型步驟要求	QC STORY課題達成型步驟要求
四	步驟5 .解析 a. 列出原因 b. 選擇要因	步驟3. 執行及驗證暫時防堵措施（省略） 步驟4. 列出、選定及驗證眞因 a. 列出原因 b. 選擇要因	步驟3. 課題明確化（下） a. 決定攻堅點
五	步驟6. 對策擬定（上） a. 擬出對策 b. 評選對策	步驟5. 列出、選定及驗證永久對策 a. 擬出對策 b. 評選對策	步驟5. 方策擬定 a. 擬出方策
六	步驟6. 對策擬定（下） a. 找到永久對策	c. 找到永久對策	b. 評選合併，成爲方策群組
七	步驟7. 對策實施及檢討 a. 正式實施永久對策 b. 監督執行效果	步驟6. 執行永久對策及確認效果 a. 正式實施永久對策 b. 監督執行效果	步驟6. 方策實施及檢討 a. 正式實施方策 b. 監督執行效果
八	步驟8. 效果確認 a. 確認有形成果 b. 確認無形成果 c. 檢討殘餘問題 步驟9. 標準化 a. 標準文件 b. 落實管理	c. 確認有形成果 d. 確認無形成果 e. 檢討殘餘問題 步驟7. 預防再發及標準化 a. 標準文件 b. 落實管理	步驟7. 效果確認 a. 確認有形成果 b. 確認無形成果 c. 檢討殘餘問題 步驟8. 標準化 a. 標準文件 b. 落實管理

輔導進度	QC STORY問題解決型步驟要求	8D問題解決型步驟要求	QC STORY課題達成型步驟要求
	步驟10. 檢討及改進 a. 活動的優缺點 b. 表達感謝	步驟8. 反省，恭賀團隊 a. 活動的優缺點 b. 表達感謝	步驟9. 檢討及改進 a. 活動的優缺點 b. 表達感謝
九	成果發表	成果發表	成果發表

表10-3：資深員工品管圈的輔導規畫

輔導進度	QC STORY問題解決型步驟要求	8D問題解決型步驟要求	QC STORY課題達成型步驟要求
一	步驟1. 主題選定 a. 組圈 b. 分派任務職責 c. 決定主題 d. 討論如何提升圈員能力 e. 討論數據蒐集項目 f. 討論蒐集數據的方法 步驟2. 活動計畫擬定	步驟1. 主題選定與建立團隊 a. 組圈 b. 分派任務職責 c. 決定主題 d. 討論如何提升圈員能力 e. 討論數據蒐集項目 f. 討論蒐集資料的方法 g. 活動計畫擬定 ***h. 財務效益分析***	步驟1. 主題選定 a. 組圈 b. 分派任務職責 c. 決定主題 d. 討論如何提升圈員能力 e. 討論調查項目 f. 討論蒐集資料的方法 步驟2. 活動計畫擬定

輔導進度	QC STORY問題解決型步驟要求	8D問題解決型步驟要求	QC STORY課題達成型步驟要求
二	步驟3. 現狀把握（上） a. 問題的描述 b. 蒐集和整理數據 c. 分析數據	步驟2. 描述問題與掌握現況（上） a. 問題的描述 b. 蒐集和整理數據 c. 分析數據	步驟3. 課題明確化（上） a. 問題的描述 b. 蒐集現況水準數據 c. 期望水準的決定
三	步驟3. 現狀把握（下） a. 選擇改善點（柏拉圖前幾項） 步驟4. 目標設定 a. SMART定目標	步驟2. 描述問題與掌握現況（下） a. 選擇改善點（柏拉圖前幾項） b. 目標設定（SMART定目標）	步驟3. 課題明確化（中） a. 計算望差值找出改善點 步驟4. 目標設定 a. SMART定目標
四	步驟5. 解析 a. 列出原因 b. 選擇要因 ***c. 驗證眞因***	***步驟3. 執行及驗證暫時防堵措施*** ***a. 列出原因*** ***b. 提出防堵措施*** 步驟4. 列出、選定及驗證眞因 a. 列出原因 b. 選擇要因 ***c. 驗證眞因***	步驟3. 課題明確化（下） ***a. 提出候補攻堅點*** ***b. 選擇候補攻堅點*** c. 決定攻堅點
五	步驟6. 對策擬定（上） a. 擬出對策 b. 評選對策	步驟5. 列出、選定及驗證永久對策 a. 擬出對策 b. 評選對策	步驟5. 方策擬定 a. 擬出方策 b. 評選合併，成爲方策群組

輔導進度	QC STORY問題解決型步驟要求	8D問題解決型步驟要求	QC STORY課題達成型步驟要求
六	步驟6. 對策擬定（下） ***a. 對策試行*** ***b. 驗證對策效果*** c. 找到永久對策	***c. 對策試行*** ***d. 驗證對策效果*** e. 找到永久對策	步驟6. 最適策追究 a. 展開方策內容（劇本） ***b. 考量阻礙和副作用*** ***c. 擬出因應的方案*** d. 評選最適策
七	步驟7. 對策實施及檢討 a. 正式實施永久對策 b. 監督執行效果	步驟6. 執行永久對策及確認效果 a. 正式實施永久對策 b. 監督執行效果	步驟7. 最適策實施及檢討 a. 正式實施最適策 b. 監督執行效果
八	步驟8. 效果確認 a. 確認有形成果 b. 確認無形成果 c. 檢討殘餘問題 步驟9. 標準化 a. 標準文件 b. 落實管理 步驟10. 檢討及改進 a. 活動的優缺點 b. 表達感謝	c. 確認有形成果 d. 確認無形成果 e. 檢討殘餘問題 步驟7. 預防再發及標準化 a. 標準文件 b. 落實管理 步驟8. 反省，恭賀團隊 a. 活動的優缺點 b. 表達感謝	步驟8. 效果確認 a. 確認有形成果 b. 確認無形成果 c. 檢討殘餘問題 步驟9. 標準化 a. 標準文件 b. 落實管理 步驟10. 檢討及改進 a. 活動的優缺點 b. 表達感謝
九	成果發表	成果發表	成果發表

10.11 請輔導員設計圈會的輔導方式

圈會時間包含輔導員輔導以及圈員開會時間。議程包含：1. 學習本次會議相關的知識；2. 檢討上次會議各任務的進行情況，改正錯誤疏漏的地方；3. 討論本次進度的內容，並分配任務；4. 檢討本次會議進行的優缺點；5. 預告下次會議需準備的工作。

1. 圈會前預習

輔導員依據「圈員能力提升計畫」上每步驟相關的知識和工具技能，以及上次圈會所發現應該增加的學習項目，在圈會前告知圈員提早準備，以利在圈會中可以更快速深入的討論問題。課前知識可以經由培訓單位配合「圈員能力提升計畫」開課，或是鼓勵員工自修學習。

2. 圈會中學習

輔導員考量圈員背景和主題內容，採取合適的輔導方式，並依照輔導手冊要點修正圈員活動中的錯誤，討論正確的行爲。

（1）新進人員組成的圈：加強主題選定、問題意識、現狀把握、設定目標與計畫等步驟，採取指示型的輔導，對做法進行詳盡的說明或示範，監督成效並即時反饋。

（2）資淺人員組成的圈：加強原因探討、標準化的步驟，採取教練式的輔導，解釋做法原因，並指導圈員去完成任務。

（3）資深人員組成的圈：加強對策擬定與實施、效果確認等步驟，採取支持型式的輔導，與圈員共同討論解決方案。

3. 圈會後作業

圈會後作業的目的是確認圈員都能學習到應有的知識技能，輔導員和主管也可以從中了解圈員能力的變化。在圈會結束前，輔導員指定圈員會後應完成的事項，然後在下次會議前收集作業，檢查各步驟完成情況並給與評論，記錄於活動聯絡簿，繼續由主管給予建議。

傳統品管圈活動中，作業常常只是少數圈員的任務，所以最後只是一兩人精於所有工作。學習導向品管圈要求每次圈會後每個圈員都應該有會後作業，即使所有人都做同一件事，圈員也不應互相抄襲作業。

10.12 培訓單位執行過程與成果衡量

訓練成果評估除了了解輔導員教導及圈員學習的成果，並可透過評量內容的設計，促使圈員以新的方式思考所學習到的內容，作爲再次學習的機會。

常見的訓練評估模式有Kirkpatrick的四層次評估模式。分別從（L1）參訓者的反應狀況，（L2）學習成果，（L3）行爲改變，以及（L4）產生的結果等四個層次進行評估。許多企業因爲無法測量（L3，L4）的成果，所以只好把學員對課程的滿意度當成（L1）的結果，並以此影響課程的規畫與老師的選擇。

學習導向品管圈則**先設想（L3，L4）的成果測量方法，然後倒推規畫課程的進行方式與（L1，L2）的成果測量方法**。例如（L3，L4）是員工能否獨立作業、解決問題、提出改善意見等相關的指標，（L1）參訓者的反應狀況是檢查圈員的作業完成情況，以及主動學習的表現，而不是對課程的滿意度。

衡量學習導向品管圈培訓成果的方法如下：

1. 輔導員與主管的觀察

觀察圈員在活動中的表現，例如是否準時出席圈會，是否參與討論，以及各項作業或任務的完成程度。主管需在日常工作中儘量提供學員將知識和工作結合的機會，例如在周報中要求使用品管工具，並觀察學員的完成情況。

2. 能力測驗

根據各步驟應該習得的知識技能，由輔導員設計測驗方式，對圈員採取測驗。測驗方式包括口試、筆試、專題報告、實務操作等。

3. 輔導過程的監督

課程中期及結束時各進行一次稽核，了解輔導員及圈員互動情況，以便進行修正。稽核員由顧問老師或輔導員間交換擔任或公司另行安排。透過問卷調查、訪談或座談方式，請圈員回饋過程中的心得和建議。主要調查項目如下：

（1）對照輔導手冊，各步驟各項要求的達成程度；

（2）圈員對自己能力成長的感覺（工具的應用、行爲的學習）；

（3）圈員對圈活動的感覺（圈員互動中的情況）；

（4）圈員對其他同仁的感覺（主管和同仁的反應）；

（5）圈員自評和互相考評。

培訓單位對於輔導過程的監督除了安排稽核外，也可以透過圈長回報固定的指標來監督圈會的進行情況，例如圈員出席率、圈員發言率、進度達標率等。

4. 活動結果實地評審

在活動結束時到各圈的工作地點，實地檢查相關的文件和改善成果。圈員需要進行簡單的簡報，帶領稽核人員到改善現場實地講解，並提供相應的文件資料。文件資料也包括了輔導紀錄以及圈員主管支持活動的證據。

10.13 學習導向品管圈成效的驗收與檢討

1. 舉辦成果發表會

培訓人員舉辦發表會並邀請相關主管參加，驗收圈員的努力成果，並致謝相關人員。進行方式可以是純粹的結果報告或是競賽方式，透過獎金獎狀等激勵措施，提升圈員對活動成果的成就感。發表會不僅有驗收成果的作用，同時也有供其他單位學習經驗，平行展開改善措施的功能。所以要邀請相關流程的單位或是同功能的單位，以及對此培訓方法有興趣的單位，共同參與盛會。

2. 圈活動的檢討

以會議形式，由培訓單位人員主持，與輔導員、圈長、圈員主管，和顧問老師共同討論圈活動情況。培訓單位蒐集這些檢討資料，作爲制定下期活動計畫和修改輔導手冊的參考。包括：

（1）圈員能力提升計畫的實施情況；

（2）圈員活動聯絡簿的觀察紀錄以及稽核結果的檢討；

（3）圈員在活動最後步驟時檢討與改進的內容；

（4）輔導員、主管和顧問老師指導方法的檢討；

（5）圈員之間不記名相互評價貢獻度的結果；

（6）相關制度或系統的合作；

（7）圈員主管的回饋，例如員工回工作崗位後行爲的改變。

第 11 章
學習導向品管圈輔導員的培訓

11.1 輔導員的功能與權責
11.2 輔導員的資格與來源
11.3 資格的認證和職涯發展
11.4 輔導員應了解的理論基礎
11.5 輔導員要輔導的行爲和觀念
11.6 過程稽核與實地評審
11.7 籌備發表會的方法

品管圈活動設置輔導員的原意是代替主管「提供指導，從旁協助」，讓圈的活動能夠正常運作及管理。因為沒有明確規範由輔導員負責圈員的成長，所以多數輔導員只著重圈員問題解決步驟的正確性，並未關注所有圈員能力的提升。

學習導向品管圈對輔導員有更明確積極的功能定位，不僅負起提升圈員能力的責任外，也賦予了「工作教導」新進人員的職責，所以需要的能力和培訓內容與以前的輔導員不同。培訓單位要跟品管圈推行人員討論是否合併輔導員的養成機制，例如台積電學習導向品管圈輔導員多數也是任務導向品管圈輔導員。

11.1 輔導員的功能與權責

學習導向品管圈讓輔導員工作成爲正式的職務內容，並影響個人考績。職稱比照國外多數企業的稱呼爲「持續改善專家」（Continuous Improvement Specialist）或指導者、職涯導師。輔導員應擬定「圈員能力提升計畫」，提供圈員適當之輔導。主要工作內容如下：

1. 教導工作所需知識和技能

針對崗位技能外，其它提升工作績效，便利團隊合作的核心技能，可以由輔導員親自教導或是由輔導員安排學習資源。輔導員是最接近圈員，最了解圈員需要哪些培訓，也最能看到培訓效果的人。透過輔導員的即時回饋，可以讓培訓單位的課程安排更加精準有效。

輔導資深員工圈活動的輔導員選擇有領導團隊的知識和經驗的人員擔任，教導資深員工學會帶領一個跨部門的團隊，去處理突發的事件或開創新的系統或制度。包含如何制定團隊規則，設定目標，擬定計畫，帶領團隊完成任務，要去扮演一個沒有主管的權力，卻要發揮領導力（Leadership）的角色。

2. 指引圈員正確的工作行為

輔導員在圈會中引導圈員說出在單位中遇到的人際問題或心裡的疑惑，透過討論，給予如何應對的建議。或是在圈會中營造出衝突情境、隨機教育、即時鼓勵、糾正和示範正確的行爲，協助建立公司期望的工作觀念與價值觀。

輔導員與一線督導人員具備相同的功能，例如：督導人員教導崗位工作技能，而輔導員教導職場生存技能。每個單位若有合格的輔導員，或是基層主管具備輔導員能力，可以讓員工獲得更即時密切的幫助。

3. 協助解決圈活動過程中的問題

輔導員要關注團隊互動的氣氛，避免發生勞逸不均或有小團體形成的情況。在圈會中積極誘導較少發言的圈員提出意見，適時指定經驗豐富的圈員針對某一專業議題發言，或利用圈員提出的意見，反問其他圈員，促使對問題進行更加寬廣的思考，營造全員參與及廣泛討論的氣氛提高圈員向心力。在討論任務時，要管理圈員間的衝突，尋求圈員主管對活動的支持，協助圈員達成任務目標。

4. 關懷圈員，提供職涯發展的諮詢

許多企業把關懷員工，協助員工職涯發展的責任放在單位主

管身上，但對製造業、科技業這些忙碌且壓力重的「鋼鐵」主管而言，實務上非常難以執行。所以學習導向品管圈採用軍隊輔導長的做法，將心理輔導、職涯規畫諮詢這些任務放在輔導員身上。

輔導員熟悉公司的策略、文化、制度等規定，而且又常與各單位的新進人員和資深人員接觸，比單位主管更熟悉員工需要甚麼？各流程業務需要什麼個性的員工？公司的制度對員工有何影響？最重要的是與員工不是主管部屬關係，更能得到員工信任說出心裡的想法，並且客觀的提出職涯建議以及情感上的關懷。

單位主管有了輔導員幫忙關懷員工，就能減輕部分主管情商不夠帶給部屬的困擾，也減少了主管處理人際關係上的心理壓力，讓許多「猛將」型的優秀員工，不再視升管理職爲畏途。

11.2 輔導員的資格與來源

品管圈的輔導員通常是從曾參加品管圈的圈長或圈員中挑選，而**學習導向品管圈採用先公開招生後訓練認證，再透過後續的持續進修安排和讀書會等充實相關知識，以及實際經驗交流的方式培養輔導員**。公開招生時吸收對輔導員工作有興趣的員工，初期跟著學習導向品管圈一起學習基礎知識和技能外，再加強其它的輔導訓練。輔導員的來源如下：

1. 各單位負責培訓的員工

單位裡負責培訓的人員是輔導員的主要來源，例如生產現場的領班或各單位的內部講師等。他們要對新進人員和需定期重新認證工作技能的舊員工進行訓練，培訓目的和服務對象與學習導向品管圈輔導員一樣，現在只須要再學習輔導員課程以及通過認證測驗，就可以取得輔導員資格。

除了固定的培訓人員外，有些企業會指派熱心的資深人員協助新人適應環境，這些也是輔導員的來源。例如台積電有資深員工擔任Mentor、Buddy的制度，接受輔導員訓練後，可以從輔導個人變成輔導一個團隊，讓新人在團隊互動中適應工作挑戰。

2. 想培養多項技能的員工

如果單位裡沒有上述負責培訓的人員，建議要鼓勵有興趣學習新技能的員工，發展成爲輔導員。品管圈跨崗位，跨部門的主題，可以提供學習新技能的機會。如果企業有內部轉職的制度，輔導員的經歷有助於爭取其他主管的青睞。

3. 想爭取考績加分和發展潛力的員工

參加改善活動可以展現個人企圖心，尤其跨單位的專案，可以開闊個人視野，培養個人的潛力和見識，而不是只關注現有的工作內容和績效。

員工除了例行工作的考績外，可以透過參加改善活動或專案來取得額外的考績。品管圈輔導員有固定的輔導任務，不用再去費力尋找增加考績的機會。如果企業升遷機制中採用管理職和專業職併行的雙軌制，輔導員的工作可以提供專業職員工考績來源的保障。

4. 想培養領導能力的員工

企業內能夠練習領導能力的機會除了擔任主管外，其實是不多的。很多人即使有修習主管課程，也是在升任主管後才實際練習領導部屬，所以才會有把不適合擔任主管的人推到主管職位，這樣所謂的「彼得原理」的效應發生。

擔任品管圈的輔導員是練習領導能力最好的機會，不但接觸數圈不同個性的圈員，面對不同問題的挑戰，最重要的是，沒有權力處分任何人。在沒有「大棒子」的情況下，輔導員更要研究領導的方法，培養出更實際的領導能力。如果企業在儲備幹部訓練中結合學習導向品管圈，從輔導各種單位的員工經驗中，可以提早讓儲備幹部對管理知識有眞實且深刻的體驗。

從上述四個管道著手，可以發展不少對擔任輔導員有興趣的員工。如果應徵的員工很多，企業可以設置錄取條件進行挑選。

11.3 資格的認證和職涯發展

要勝任學習導向品管圈輔導員的工作不能只靠熱情，還有本身的知識能力和持續學習的習慣也非常重要。輔導員資格的認證和升級可以採取理論測驗和實務經驗的方式，依企業特色設計自己的考核標準。例如可以將輔導員分爲初、中、高三級，以其理論知識和輔導過的圈成績來評選晉升。高級輔導員可以在接受評審訓練和實習後，繼續升級爲顧問評審，分爲中、高兩級。以其參與輔導部門或廠區推行學習導向品管圈活動，和擔任輔導員講師、活動稽核或發表會的評審經歷來晉升。

因應改善內容可能涉及專業的技術或手法，輔導員可以再依專業進行區分。例如台積電依品管圈中特殊手法的運用，將其區分一般類別和實驗設計類別的顧問評審，使圈員能夠得到最合適的輔導和考核。

輔導員的認證和升級最好有實質的好處。例如升遷制度上的加分，或是培養成內部講師、某領域的專家達人或是轉職成爲輔導供應商的顧問。如果組織目前無法提供這些激勵措施，至少提供更好的職稱，例如「持續改善專家」，或是把證書設計的非常官方正式化，提供其求學甚至應徵新公司時履歷的加分項目，這也是另一種宣傳公司形象的機會。

輔導員如果能成爲企業的一項職涯目標，企業能儲備大量各領域專業的顧問，可以有效進行各種跨部門、跨流程甚至跨公司的專案或改革活動。例如台積電將輔導員發展成內部講師，把優秀的圈長吸收到TQM專案、工廠內的技術攻堅專案、流程改善專案或新建廠小組內。

圖11-1：輔導員的培訓與發展

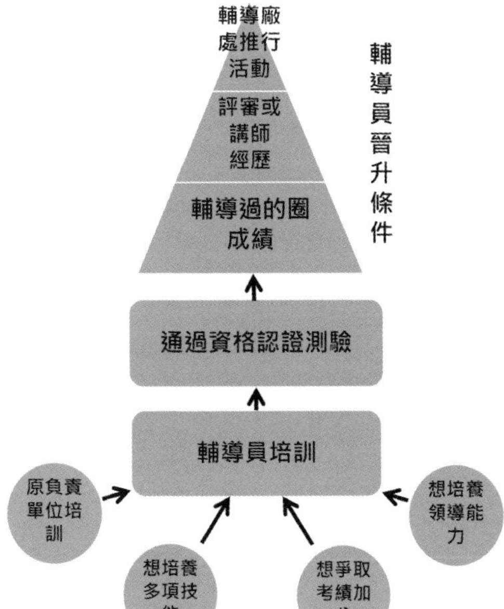

11.4 輔導員應了解的理論基礎

輔導員要學習的理論內容基本爲以下九項，許多外訓機構如中衛發展中心、先鋒品質管制研究基金會、健峰企管集團、品碩創新管理顧問公司等都有品管圈輔導員相關的課程。

1. 品管圈活動概論

2. 品管圈活動推行組織及運作

3. 問題解決方法（含步驟檢查點）

4. 品管圈常用的知識

5. 常用QC手法與創意工具

6. 輔導員的功能權責

7. 輔導員的輔導技巧

8. 對圈員成果的講評方法

9. 和圈員主管的溝通方法

學習導向品管圈輔導員除了上述基礎理論課程外，還需要學習「圈員能力提升計畫與輔導手冊」的設計，將要輔導的行爲和觀念，和要傳授的知識工具事先規畫出來。

11.5 輔導員要輔導的行爲和觀念

每個企業對員工行爲觀念的期望都不同。學習導向品管圈輔導員要結合企業的策略和期望的企業文化，將平常公司宣導或主管的想法，轉化成可視化的行爲模式和衡量的標準。做法可以是透過參考書籍或是邀請主管和資深員工模擬情境討論擬定。

許多企業對期望的員工行爲一直是種模糊的概念，常由主管依照自己不同的心境來解釋，沒有具體的行爲描述，員工須要靠年資和敏銳度來打磨領悟。有時候阻止員工正確行爲的障礙，甚至是來自於企業本身的規定或主管的習性。企業裡愈多這種模糊的空間，就會有互相矛盾，讓員工誤觸地雷的情況，員工就會愈來愈被動，事事等著主管指示而後行動。

這部分的輔導需要較多的輔導技巧，輔導員在圈會前要先有準備，了解本步驟員工應該學習的行爲和行爲的目的，在圈會中協助圈員學習正確的做法，甚至可以故意引導圈員發生衝突，或施以壓力，讓圈員體悟學習應對的方式。並在圈會結束前的幾分鐘引導圈員討論正確的行爲，在會後對圈員不當的行爲即時私下規勸。例如：當某圈員草率完成分配的任務，並表明沒時間修正時，該如何處理？

11.6 過程稽核與實地評審

輔導員在活動中期與後期與其他輔導員交互進行稽核，透過問卷、訪談、觀察等方式，了解活動過程是否遵循活動規定，圈員的學習成果以及心理狀況，並在活動結束時擔任實地評審，檢查相關的文件證據。

活動中期或後期稽核問卷範例如下：

1. 圈員行為問卷——以開會情境為例（很同意為5分，普通同意為3分，不同意為1分）

（1）開會前有被通知本次會議要討論的內容？

（2）開會中有提出會議議程並依議程進行會議？

（3）開會中有對上次會議決議執行情況作檢查？

（4）我覺得有被鼓勵踴躍發言？

（5）我覺得圈員同伴能正面的互動討論（不做負面攻擊）？

（6）圈員意見產生爭議時，圈長或其他圈員能帶領產生共識？

（7）我覺得圈員同伴有盡到他們的責任完成任務？

（8）圈員發言冗長或偏離主題時，圈長或其他圈員會控制時間或給予引導？

（9）圈員沒有準時出席或是沒有完成任務時，圈長或其他圈員會加以提醒？

（10）會議結束前圈員們能透過討論分攤任務，不會集中在一兩人身上？

2. 圈員能力自評問卷（很同意爲5分，普通同意爲3分，不同意爲1分）

（1）參加培訓後，您覺得：

① 更熟悉問題解決步驟的邏輯重點

② 更熟悉品管工具的使用

③ 更熟悉創意工具的使用

④ 更熟悉團隊工作的相處模式

⑤ 書面和口頭報告的能力有提升

（2）從其他人身上的表現，您覺得：

① 有學習到提升會議效率的方法

② 有學習到激發思考引導討論的方法

③ 有學習到化解爭議產生共識的方法

④ 未來也可以像某些圈員那樣的優秀表現

⑤ 大家在許多方面都有成長

（3）對於這次培訓，您覺得：

① 公司重視這次的培訓活動

② 有受到主管的肯定鼓勵

③ 有受到未參加此培訓的同仁羨慕

④ 公司歡迎對活動作法提出改善建議

⑤ 對個人的職涯發展有幫助

（4）培訓活動過程中，您的感受是：

① 不會覺得很緊張

② 不會有無力感

③ 不會覺得圈員們的相處有怨氣或負面情緒

④ 不會覺得有任務的壓力影響了身體（如失眠等）

⑤ 希望未來再參加此活動

11.7 籌備發表會的方法

發表會的舉辦除了讓高層主管檢驗活動的成果外，也有公開表揚參與人員的作用。輔導員可以提供推行單位有關發表會的籌備意見，或是在沒有推行單位的情況下，協助輔導的圈員自己籌備發表會。

1. 舉辦活動發表會的重點如下

（1）邀請相關單位主管與員工參加

主管與其他員工的列席除了提升圈員的成就感外，也達到相互學習，進而平行展開，擴大改善的效果。

（2）準備頒獎物品

設計獎牌獎盃樣式不要花俏，如果能得到高層主管的署名更好。獎狀的設計與內容愈正式愈好，內容包含圈員姓名，活動主題，活動日期，改善成果（但建議不要有比賽名次）。當圈員在日後可以拿著蓋公司鋼印的獎狀去申請學校進修時，這份獎狀的意義遠比獎金作用還大。

（3）準備議程和致詞內容和競賽評分表

規畫進行的方式並提供受邀致詞的主管此活動的目的，重點和取得的成就，以及需要感謝的人員名單。若是以競賽方式，需要再準備評分表的內容。

（4）營造會場熱鬧的氣氛

與會人員很多是基層的員工，所以會場的布置要盡量讓他們能感到熱鬧放鬆。例如可以在會場加上一些小旗幟，發表者的照片及個人介紹，播放輕鬆的音樂等，不要布置的像任務檢討甚至法說會那樣的嚴肅。

（5）規定各組發表時間

事先提醒圈員需控制報告時間，簡要重點報告，不必想表達所有的內容細節。許多改善後的實體證據可以放在會場直接展示以節省解說時間。

（6）會場秩序的管控

安排人員負責主持活動，接待引導人員入場，發表時間的控制與提醒，提問與互動的時間控制，評分及頒獎工作的進行。

2. 圈員準備成果發表的重點

（1）對本圈的「活動過程和成果」再做一次總檢討，全體圈員提出應補充或強調部分，並最後定案。

（2）推選製作「成果報告書」簡報資料的總負責人，並由總負責人以分工方式，依各人專長，分給全體圈員，製作各類圖表。工作包含：

① 選用適合主題的簡報模板；

② 統一模板的色調，整體報告有主要色系的感覺；

③ 參考網路或書籍的簡報製作要點，摘要撰寫簡報內容；

④ 根據發表會時間的限制，精簡口頭報告的內容，將其它資料放在附件說明，並考慮是否準備實體道具；

⑤ 設計適合聽眾了解內容的方式，降低專業術語的障礙。

（3）推選報告發表人，並討論進行發表的方式。

（4）演練發表過程，準備參加發表會。

3. 發表人的注意事項

（1）如果發表會採取競賽方式，發表人和圈員須注意以下事項：

① 外表要正式莊重

報告者外表的情況會影響現場觀眾和評審的印象分數，所以即使沒有非常正式的服裝，也要保持乾淨齊整。頭髮鬍鬚等外觀都要事先整理，呈現出正式報告的形象。

② 開場的氣勢要足

報告者站在台上不要匆忙的開始報告，建議要先安靜一兩秒，微笑並眼神向評審和觀眾們致意，吸口氣，然後中氣十足簡潔的進行開場白。

③ 用故事來引人入勝

想像是在講故事，帶著大家進入你的改善過程中。所以眼神、語氣、停頓、動作甚至懸疑點的提問，要有熱情，節奏感。有些比賽甚至會用演戲或是錄影來表現。

④ 要展示組員的向心力

除了報告者外，其餘組員也要分配工作，例如準備道具，一旁提詞或是一起回答觀眾的提問等。

⑤ 用容易理解的方式來解釋特殊用語

對於改善題目中涉及的專業術語要進行解釋，除了在報告上用文字或是圖表說明外，報告時也可以用自問自答或是透過搭檔提問，來讓報告者用簡單的方式說明這些特殊用語。

⑥ 組員要幫忙提醒

報告者可能會因緊張而有許多不好的表現，所以組內要有人來提醒。例如幫忙計算時間，提醒報告者語速太快，含糊不清楚或是忘了看觀眾，表情太緊張甚至忘詞時要提詞等。

⑦ 簡明扼要的報告

要在很短的時間內把報告講清楚考驗的是摘要的能力，所謂摘要就是講每頁的重點是甚麼，不要像念稿一樣講完整頁的內容，也不要只講用了甚麼工具手法，內容卻都沒有提到；報告中重要的眞因和對策的內容要互相呼應，先在眞因中多些解釋，然後在對策中再次提到，讓評審有深刻印象。另外，要依據小組整個內容的優缺點來調整各步驟需報告的時間。

⑧ 安排人員問答

可以安排人員提問，提問對自已有利的題目或對報告中未介紹清楚的部分補充說明。

⑨ 不要發生辯論

如果評審或觀衆提問時，對於小組的回答不滿意，並進而提出更尖銳的問題時，小組要表現出虛心接受，表示會再重視研究，不要試圖解釋或是發生爭辯。

⑩ 實體或模型的準備

許多改善成果可以安排讓評審透過親眼目睹或實際體驗，除了用影片來介紹外，也可以準備模型或小的實體來增加說明的效果。

國家圖書館出版品預行編目資料

培養員工核心能力的祕訣：台積電TQM專案的培訓實驗／陳伯陽著. --初版.--臺中市：即戰人才發展管理顧問有限公司，2022.12
面； 公分
ISBN 978-626-96714-0-3（平裝）
1.CST: 全面品質管理 2.CST: 教育訓練
494.56 111016679

培養員工核心能力的祕訣：
台積電TQM專案的培訓實驗

作　　者　陳伯陽
校　　對　陳伯陽
發 行 人　即戰人才發展管理顧問有限公司
出　　版　即戰人才發展管理顧問有限公司
408台中市南屯區市政南二路191號
電話：0937094191
傳眞：（04）22547191
設計編印　白象文化事業有限公司
專案主編：黃麗穎　經紀人：徐錦淳
經銷代理　白象文化事業有限公司
412台中市大里區科技路1號8樓之2（台中軟體園區）
出版專線：（04）2496-5995　傳眞：（04）2496-9901
401台中市東區和平街228巷44號（經銷部）
購書專線：（04）2220-8589　傳眞：（04）2220-8505
印　　刷　基盛印刷工場
初版一刷　2022年12月
定　　價　500元